售業產業鏈整合：
各徑、風險與企業績效

任家華、劉潔、梁梁 著

前　言

在國際競爭和新技術革命雙重冲擊下，中國零售業面臨著越來越嚴峻的挑戰，同時，零售業還面臨內部體制、機制和市場分割等瓶頸問題。中國幾乎集聚了全球最著名的零售商，但是，隨著全球化進程的日益加快，零售業產業鏈上下游的企業紛紛融入跨國零售巨頭主導的全球價值鏈。同時，伴隨著產業升級的壓力，中國零售業及相關產業的優勢正逐步被抵消。顯然，在中國，零售企業間的競爭遠比其他國家的零售市場激烈得多。中國零售業的發展對國家經濟安全具有重要的戰略意義，亟須在理論研究上對企業如何擺脫全球價值鏈的低端鎖定、振興和升級國內零售業進行突破。產業鏈整合理論為解決中國零售業發展提供了分析框架。基於此，本書分析了零售業產業鏈整合的戰略路徑、風險與企業績效。

中國零售業產業鏈整合的戰略路徑如下：①在互聯網經濟時代，大型零售商是中國零售業產業鏈整合的主導企業（或鏈主）；②大型零售商通過產業鏈延伸，促進零售業產業鏈的橫向與縱向整合；③電商產業逐步加強與零售業的融合；④整合與構建國家價值鏈，實現零售業的產業鏈升級；⑤為保障零售產業鏈的整合，需要構建政府作用機制，形成著力點，支持產業鏈整合。

零售業產業鏈整合在帶來整體競爭力提升的同時，也可能產生一系列的風險，需加以防範。產業鏈整合中的主要風險有知識共享風險、協同風險與利益分配風險。知識共享是產業鏈整合的前提和基礎，知識共享範圍受限和共享效率低下是一種基礎性風險；協同風險產生於合作各方的協調溝通過程，屬於過程性風險；利益分配風險產生於收益分配和價值分享，屬於結果性風險。

隨著電子商務的加盟與迅猛發展，零售業進入了加速整合階段。電子商務零售巨頭通過聯盟與併購快速完成產業鏈整合，實體零售巨頭在經過多年的縱向整合與橫向擴張后，逐步介入與整合電商產業鏈。伴隨著中國零售業產業鏈整合力度的不斷增強，大型零售商的規模也得到迅速擴張。零售業的產業鏈整

合對大型零售商和全國零售企業績效都有深遠的影響。筆者通過對最近幾年數據的觀察后發現，隨著產業鏈整合的加速發展，大型零售商的市場集中度進一步提升，但利潤增長表現不一，以阿里巴巴為代表的大型電子商務利潤增長潛力最強，傳統實體零售商的盈利水平波動較大，並呈現下行趨勢；國內零售企業總體的利潤率與資源利用率進入平穩發展狀態，零售企業對GDP的貢獻不斷提高。

目　錄

第一章　總論 / 1

第一節　中國零售業發展現狀分析 / 1

一、目前零售業發展狀況 / 1

二、零售業發展中的主要問題與挑戰 / 2

三、零售業發展中的主要機遇 / 8

第二節　產業鏈整合是中國零售業的未來發展趨勢 / 10

一、理論概述 / 10

二、零售業產業鏈整合分析 / 13

小結 / 17

第二章　中國零售業產業鏈整合的戰略路徑分析 / 18

第一節　零售業產業鏈整合的戰略思路 / 18

一、零售業產業鏈整合目標 / 18

二、零售業產業鏈整合的戰略思路與分析 / 18

第二節　形成大型零售商主導零售業產業鏈整合格局 / 19

一、零售商在產業鏈中的地位及其發展 / 19

二、大型零售商實力不斷增強，並逐漸成為行業主導者 / 21

三、大型零售商主導下的產業鏈整合分析框架 / 23

四、大型零售商主導產業鏈整合的內部運行機制 / 24

五、大型零售商主導產業鏈整合的外部驅動機制 / 27

六、大型零售商主導零售業產業鏈整合的發展趨勢 / 28

第三節　大型零售商主導下的產業鏈延伸與整合 / 31

　　一、產業鏈縱向約束與整合 / 31

　　二、基於產業鏈的橫向整合 / 33

第四節　推動零售業產業鏈與電商產業鏈耦合與升級 / 37

　　一、零售業產業鏈與電商產業鏈耦合內涵 / 37

　　二、電商產業鏈與傳統零售業產業鏈耦合的戰略意義 / 38

　　三、產業鏈耦合的演進過程 / 39

　　四、基於知識整合的產業鏈耦合演進策略 / 42

第五節　零售業國家價值鏈整合與升級 / 50

　　一、國家價值鏈內涵 / 50

　　二、零售業國家價值鏈整合分析 / 52

　　三、自主創新與零售業國家價值鏈整合 / 54

第六節　零售業產業鏈整合機制分析 / 56

　　一、政策激勵機制 / 56

　　二、市場保障機制 / 59

　小結 / 60

第三章　中國零售業產業鏈整合風險分析 / 63

第一節　知識共享風險 / 64

　　一、知識共享風險的形成與后果 / 64

　　二、產業鏈整合和運行中存在的知識共享風險 / 64

第二節　協同風險 / 65

　　一、協同風險的形成與分類 / 65

　　二、各層面的協同風險分析 / 67

第三節　利益分配風險 / 71

　　一、大型零售商濫用市場優勢地位 / 71

二、大型零售商的財務風險轉嫁 / 72

　　三、合作伙伴的「偷懶」或「搭便車」 / 74

　　四、福利效應的「兩極分化」 / 74

　小結 / 74

第四章　產業鏈整合與零售企業績效分析 / 75

　第一節　大型零售商主導下的產業鏈整合已然形成 / 75

　　一、基於產業鏈的併購與整合規模不斷增大 / 75

　　二、大型零售商的規模擴張加快了產業鏈整合 / 77

　第二節　大型零售商的整合績效分析 / 79

　　一、大型零售商的市場集中度進一步提升 / 79

　　二、大型零售商的利潤增長表現不一 / 83

　　三、大型零售商的整合績效與產業鏈升級 / 86

　第三節　中國零售企業的總體績效分析 / 87

　　一、零售企業總體績效評價指標 / 87

　　二、零售企業總體績效分析 / 87

　小結 / 90

第五章　案例分析 / 91

　第一節　阿里巴巴集團案例分析 / 91

　　一、阿里巴巴集團簡介 / 91

　　二、阿里巴巴的平臺供應鏈整合 / 95

　　三、整合國外電子商務平臺，進一步提高市場勢力 / 98

　　四、電商產業鏈與零售業產業鏈的整合 / 98

　　五、阿里巴巴集團的國家價值鏈整合與升級 / 98

　第二節　百聯集團案例分析 / 103

　　一、百聯集團概況 / 103

　　二、基於顧客價值導向，構建消費者服務平臺 / 104

三、產業鏈要素整合，提高運營效率 / 104

　　四、產業鏈整合中存在的問題與挑戰 / 107

　　五、進一步提升整合能力的趨勢與策略 / 109

　第三節　蘇寧雲商案例分析 / 111

　　一、公司概況 / 111

　　二、蘇寧雲商的產業鏈整合路徑 / 112

　　三、蘇寧雲商產業鏈整合的績效與風險 / 115

　小結 / 118

參考文獻 / 119

附　錄 / 125

第一章 總論

第一節 中國零售業發展現狀分析

一、目前零售業發展狀況

(一) 傳統零售業日趨飽和

百貨店和大型綜合超市是傳統零售業的兩大主要業態,現已日趨飽和。傳統百貨店的營業面積多為1萬~2萬平方米,由於場地限制,休閒娛樂功能無法增加,不能滿足消費者日益增長的休閒娛樂購物需求。而零售業在快速發展後,已經出現產能過剩問題,店鋪數量、經營面積雖在快速增長,但已超過實際消費增長。隨著電商的快速發展,傳統零售業拐點出現,店鋪空置、關閉時有發生。近幾年,由於經營模式落後、成本持續上漲、新興業態替代、網絡購物衝擊等多因素的影響,百貨、超市等傳統零售業效益下降。聯商網發布的《2015年上半年主要零售業關店統計》顯示,2015年上半年主要零售業(含百貨、超市)在國內共計關閉121家。當前傳統零售業的疲態,既是經濟結構調整和消費需求變化的直接體現,也符合零售業發展的客觀規律[①]。

(二) 以網絡零售為代表的新業態發展迅猛

20世紀末,電子商務興起催生了新的商業模式,引發新的流通革命。電子商務在全球範圍迅速發展,顛覆了傳統的零售範式,給傳統零售業帶來挑戰。中國網絡零售市場規模從2003年的16億元迅速增加到2015年的3.8萬億元,占社會消費品零售總額的比重從2003年的0.03%提高到2015年的

---

① 徐蔚冰. 中國零售業進入加速整合階段 [EB/OL]. [2016-09-09]. http://news.hexun.com/2016-09-09/185956110.html.

12.8%。2016年上半年中國網絡零售市場交易規模達23,141.94億元，相比2015年上半年的16,140億元，增長43.4%。隨著中國網民數量的逐步增加，智能手機和移動終端的逐步推廣，網絡零售規模仍將逐步擴大，網絡零售在中國零售業中的份額也會逐步提高，將對靠出租櫃臺或者賺取價差作為主要盈利來源的傳統零售業帶來衝擊①。

（三）中國零售業進入加速整合階段

一方面，中國零售業經過多年的規模擴張，在網絡零售迅猛發展的衝擊下進入加速整合階段。2013—2015年，零售業併購交易規模增長迅速，多項併購活動都是當年併購市場的熱門事件。伴隨中國零售業的產業鏈整合布局，零售業強強併購活躍，戰略合作併購增多，並呈現併購重心上移、實體零售積極觸網、併購目的多元、併購方式多樣、支付方式複合、跨境併購增多和百億元以上天價併購增多的趨勢②。另一方面，產能過剩的同時，中國零售業還呈現出較低的市場集中度。以百貨業為例，目前日本百貨業集中度為57%，美國百貨業集中度為59%，而中國百貨業集中度卻遠遠低於這個比例。較低的市場集中度不利於提高流通效率，零售業的整合還需不斷加強。

二、零售業發展中的主要問題與挑戰

（一）零售業發展中的主要問題

零售業是現代服務業發展的重要模式，它以創新來引導、組織和整合資金流、商品流和信息流，實現各類要素的優化配置、集聚和高效流動，並成為各類要素大流通的樞紐。因此，上述要素的配置水平將影響零售業的發展水平和高度。中國零售業發展中的主要問題體現在金融服務、技術投入、物流、企業戰略與組織、需求條件和市場體系等方面。

1. 金融服務與資本要素配置水平較低

金融服務對零售業的支持不夠。傳統零售商或電子商務平臺掌握了貿易活動，產生了物流、信息流和現金流，這就具備了金融功能的天然基礎。充分利用和整合零售業產業鏈金融，可有效分擔商品流通風險和提升產業鏈價值。但是，中國零售業產業鏈的金融功能滯後，資金流沒有得到充分利用和整合。金

---

① 袁平紅．全球流通發展新態勢下的中國流通產業發展方式轉變［J］．中國流通經濟，2014（2）：26-33．

② 徐蔚冰．中國零售業進入加速整合階段［EB/OL］．［2016-09-09］．http：//news.hexun.com/2016-09-09/185956110.html．

融機構對消費者的金融支持不夠，現有的金融支持主要來自於產業鏈體系內融資。如，京東網，消費者購買大型家用電器只要支付非常少的逾期費用，就可以通過分期付款的形式來減輕資金支付的壓力，同時也可以降低商品買賣過程中的風險[①]。然而，第三方支付機構的快速發展受到了監管部門的高度關注，從現有監管政策方向來看，短期內監管部門對第三方支付機構的態度趨嚴。

產業鏈金融可為產業鏈發展與整合提供全方位的金融服務。在中國零售業產業鏈整合的發展中，國內銀行較少開發和應用產業鏈金融業務。產業鏈金融在零售業產業鏈整合中具有重要作用，沒有金融機構支持，產業鏈主導企業很難滿足整合中的金融需求，無法實現高效的資金流整合。

2. 技術要素的配置水平低，整合能力差

目前中國零售業的技術水平仍然較為落後，技術要素的配置水平影響著產業鏈的整合能力和運行效率。傳統零售商技術發展中存在的主要問題如下：

（1）信息技術投入不足，供應鏈服務能力較差。中國零售業電子商務發展尚處於初級階段，開展了電子商務的零售業不到總體的10%。據不完全統計，中國零售業信息技術投入占銷售額的比重不到英國的1/10，僅僅相當於美國的1/20。在發達國家，信息技術已被提升到戰略發展階段，並已成為零售業轉型升級的重要驅動力。由於信息技術投入不足，能夠支持線上業務的網絡平臺及設施普遍不完善，供應鏈服務能力較差。

（2）多數零售商往往把電子商務定位於銷售渠道的重要補充，多是臨時抽調員工組建電子商務部門，依靠傳統管理方式來管理電商業務，沒有形成電商運作的商業模式[②]。

3. 物流業的發展水平較低

物流是中國零售業發展的一個主要瓶頸，物流環節難以滿足中國零售市場的需求。據統計，中國流通費用占GDP的比例達18%（發達國家一般在10%以下）。物流業的低發展水平將導致零售業物流效率較低、成本較高，主要體現在第三方物流落后、物流體系分散、物流技術落后、三四線城市物流配套措施落后。具體分析如下：

（1）第三方物流落后。第三方物流落后導致許多零售商都選擇了自建物

---

① 上創利，趙德海．仲深．基於產業鏈整合視角的流通產業發展方式轉變研究［J］．中國軟科學，2013（3）：175-183．

② 中國連鎖經營協會，甲骨文（中國）軟件系統有限公司．傳統零售商開展網絡零售研究報告（2014）［EB/OL］．［2014-10-30］．http：//www．ccfa．org．cn/portal/cn/portal/cn/view．jsp?lt=33&id=417005．

流，但這無法實現規模經濟。且個別電商由於盲目自建物流，多陷入了高成本、低效率運營的困境，沒法實現價值鏈優化目標。

（2）傳統零售業的物流體系分散。除國美、蘇寧等大型家電零售商外，大多數零售商的供應商和物流體系較為分散。例如，南京的供應商可能不願意為杭州的零售商送貨，而杭州零售商則需要依靠自設的物流中心。

（3）物流技術落後。落後的物流技術增加了產品流通成本。據統計，中國運輸成本占商品流通成本的50%以上，高昂的運輸成本成為制約零售業發展的一大障礙。在物流運輸過程中，倉儲技術、冷藏技術是節約成本的關鍵。而中國流通企業受制於企業規模的限制，該方面技術都相對落後，造成了運輸成本的畸高。

（4）三、四線城市的物流配套服務有待加強。隨著競爭的加劇，大型零售業加快了在三、四線城市的擴張步伐。然而，三、四線城市的物流網絡、信息化和配送能力薄弱，無法支持零售業建立供應鏈和分銷網。

4. 零售業戰略與組織存在的問題

（1）產業價值鏈功能單一。中國傳統零售業價值鏈功能單一，缺乏自身的造血功能。在產業鏈中，企業間的交易多為零和博弈。大零售商依賴於出租櫃臺、聯營和代理等，使得零供矛盾突出。零售商和供應商之間沒有形成真正的戰略伙伴關係，更談不上供應商戰略伙伴關係管理，雙方經常處於利益對立狀態。大型零售商忽視商品經營，自營、自主品牌實現的價值較少，各大賣場經營趨於同質，極大地弱化了零售業的核心競爭力。在網絡零售方面，電子商務主要依賴於低價競爭。2012年以來，電子商務通過降價促銷方式，發起了多輪低價競爭，平均每年竟達6次之多，非常不利於市場秩序的規範和行業良性發展。

（2）線上、線下缺乏有效互動。因顧及原有渠道關係和既得利益者等因素的影響，傳統零售商多將線上和線下業務分別作為獨立渠道運行，盡量避免線上與線下的對掐，致使線上線下缺乏有效互動。傳統零售商線上線下各自為政，這使得電子商務業務很難發展。

（3）傳統供應鏈組織模式已不適應互聯網經濟時代的零售業。傳統零售業供應鏈是基於工業化模式形成的。隨著互聯網經濟的發展，零售業供應鏈將從各個環節發生變化，並逐漸形成互聯網模式供應鏈。筆者從驅動、生產、組織等方面，整理了兩種模式的差異，見表1-1。

表 1-1　　　工業化模式供應鏈與互聯網模式供應鏈的差異

項目	工業化模式供應鏈	互聯網模式供應鏈
驅動方式	工廠或渠道驅動	C端驅動（顧客需求驅動）
生產方式	批量化、集中生產	定制化、柔性製造
組織方式	跨機構多部門協同	扁平化組織
傳遞方式	單向傳遞	全程動態監控
物流基地功能	存儲商品	存儲信息、貨物快速中轉
物流傳遞內容	合同物流	零擔快運和快遞
價值傳遞模式	渠道	線上和線下的兩個社區

随著信息技術和市場條件的發展，傳統零售業從「點-鏈-網」逐步形成具有網絡效應的產業鏈。因此，供應鏈已成為現代零售產業體系的重要組織單元，產業鏈將圍繞成熟的零售業供應鏈拓展與升級，不斷增強對相關產業的導向作用。因此，零售業應快速、有利、正確地適應技術發展和市場需要，利用供應鏈集成技術提高市場競爭力，創造更多的價值和利潤；強化供應鏈管理，建立穩定的、良好的供應商伙伴關係；真正做到降低成本、降低庫存、降低管理費用、節約採購成本。

（4）零售業相對飽和與產業集中度低的矛盾。中國現有零售業態在一、二線城市已趨飽和，且一、二線城市的零售業態在三、四線城市難以複製。在長三角、珠三角等地區的一、二線城市，每千人所擁有的零售賣場密度已超過了發達國家同類城市水平。同時，成熟的一、二線城市業態模式卻難以在三、四線城市複製，坪效也遠遠低於一、二線城市。雖然零售業態在許多城市已經飽和，但是零售業的規模化優勢不明顯，產業集中度仍然較低。例如，2015年國內百強企業銷售規模僅占社會消費品零售總額的6.9%，實現銷售額2.1萬億元。在一般發達國家市場，排到前五的零售商的零售總額要占全國零售總額的一半左右，如英、德、法三國都達到或接近60%，美、日、澳的比例則更高。而中國零售商很難同時兼顧全國布局，最近三年，中國排到前五位的零售商在100強零售業占據的份額不足20%[1]，且單個零售業銷售規模也不大，總體上仍呈零散狀態。

---

[1] 參肯錫：2013年中國電子零售業革命報告［EB/OL］．［2013-05-22］．http：//live.kan-kanews.com/it/2013-05-22/1563478.shtml．

5. 市場需求方面存在的問題

（1）消費者、品牌商和供應商「脫媒」形勢加劇。隨著互聯網經濟的發展，互聯網技術極大地降低了流通過程中的交易成本，商品流通渠道更加扁平，消費者、品牌商和供應商都在經歷著「脫媒化」過程，即商品不再需要經過中間介質的零售商就可直接抵達消費者。目前，大品牌幾乎全面推動電子商務化，產業基地已開始建立自有電子商務平臺。例如，占據全國泳裝70%份額的葫蘆島泳裝產業基地，直接在產業基地孵化電子商務企業，從品牌基地直接打通到天貓等大型電商平臺。現已發展泳裝電商500多家，每年實現銷售額100多億元。未來，品牌商還可能通過電子商務直接進入消費者移動端和社區。因此，在互聯網經濟發展下，品牌商、供應商將可能借助O2O，從零售商環節脫媒，或在討價還價中變得更加強勢，這對傳統零售商的轉型升級帶來了極大壓力。

（2）銷售增幅下降，業態分化明顯。2015年，百強企業銷售規模平均增幅為4.3%，其中31家企業銷售增長為負，是百強統計以來增長水平最低的一年。近幾年來，百強企業銷售增幅持續下降，2010—2015年的銷售增幅分別為21.0%、12.0%、10.8%、9.9%、5.1%和4.3%。同時，各業態的銷售增幅分化明顯。增長最快的是專業專賣店，增幅達到16.1%，便利店的銷售增幅達到15.2%，超市的銷售增幅為4.1%，百貨店的銷售增幅為-0.7%[①]。

6. 全國市場一體化的管理體制尚需進一步完善

從政府角度說，應該創造條件使產業鏈分工制度的整合能夠順利實施。在產業發展的過程中，追求政績的衝動在很多情況下使得縱向一體化、縱向分離和縱向契約的簽訂不是企業的自主選擇，而是受到諸多非市場因素的限制。例如，本地企業被他地企業縱向一體化併購會使本地政府與被併購企業失去很多利益，本地政府往往會加以阻撓。可見，政府只有立足全國統一市場，破除抑制分工制度安排與選擇的政策因素，建立健全聲譽機制、懲罰機制、監督機制等信用體系，才能充分發揮其效用，促進良好的產業鏈系統形成。

（二）零售業發展中的主要挑戰

1. 消費者走到了產業鏈前端

信息技術和電子商務的快速發展，正在引領流通領域的深度變革；同時，消費主權轉移至消費者，並帶來了消費模式的革命性變化。互聯網打破了不同

---

① 中國連鎖經營協會2015中國連鎖百強出爐［EB/OL］.［2016-05-03］. http：//www. ccfa. org. cn/portal/cn/view. jsp？ lt=1&id=425155.

地域信息不對稱的困局，很大程度上提升了商業信息的傳播和交互。特別是移動互聯網的發展讓消費者可以隨時隨地獲取商品和服務的相關信息，並在短時間內做出分析和決定。

互聯網發展使得消費者越來越苛刻。互聯網特別是移動互聯網的普及打破了商品信息隔閡，使得消費者能夠任意挑選商品，令消費者走到了產業鏈前端，對商品的選擇更加苛刻。互聯網促進了消費者在社交媒體分享購物體驗，迫使商家提供更好的服務，以滿足消費者越來越苛刻的個性化服務要求。

2. 中國經濟發展方式轉變對零售業發展提出新要求

中國居民消費率處於較低的水平。2012—2014 年，中國最終消費支出占 GDP 比重在 50%左右，與世界發達國家平均水平有較大差距。國家正努力破解居民消費的各種難題，大力提高消費對經濟增長的貢獻率；一方面，隨著經濟發展方式的轉變，中國必須加快構建現代零售業體系，促進居民消費；另一方面，中國已經啓動收入分配改革，以增加民生福祉，不斷完善全民社會保障制度，使城鄉居民消費能力能夠匹配國民經濟的增長，促進城鄉居民共享增長成果。未來的居民消費將更加重視綠色環保和安全放心，消費追求呈現個性化、多元化特徵[①]，消費結構從溫飽型轉變為發展型。這就要求零售業必須調整發展戰略，盡快適應消費結構的變化。

3. 來自外資的競爭

中國零售業對國際市場開放較早，絕大多數跨國零售巨頭都先後進入中國市場，激烈的競爭使得零售業的國際化程度越來越高，零售業的演變和發展趨勢越來越複雜。中國本土零售業面對全球化經營的零售巨頭，在戰略布局和經營效率上明顯處於劣勢，對行業的整合能力也不如跨國零售巨頭。以大型超市為例，首先，跨國零售巨頭多集中在一個專業領域內精耕細作，經營業態相對集中，具有明顯的規模優勢。沃爾瑪、家樂福等國際大型連鎖巨頭，在店鋪數量和銷售規模方面都具有較大的優勢。其次，零售門店的單店效率高。跨國零售巨頭的單店銷售均在 3 億元左右，普遍高於本土企業。最后，跨國零售巨頭注重全球化戰略布局，整合全球價值鏈資源，可以集中優勢資源發展某個重點區域，並在該區域的物流、總部功能等方面形成相對優勢。

---

① 商務部流通發展司，中國連鎖經營協會. 2013 中國零售業發展報告 [J]. 中國連鎖，2013 (9)：80-83.

三、零售業發展中的主要機遇

（一）零售業的基礎功能與戰略作用不斷增強

零售業與相關產業深入融合。零售業在現代化過程中，除了向上、下游供銷產業延伸之外，還與相關產業融合，比如零售業與金融業以及零售業與房地產業等。一方面是各行業在自身發展過程中業務交叉性自然擴張，另一方面則是專業零售業向相關領域多元戰略地主動性擴張。零售業發展將對現代信息、物流等新興行業帶來互動發展。隨著國內經濟從供給約束向需求約束轉型，零售業對上游產業的主導地位將得到強化，特別是對食品、農副產品、工業品生產的主導作用將進一步加強。隨著信息技術的廣泛應用，網購、電話電視購物等零售業態快速發展，進而帶動了快遞、倉儲業加速發展，推動了中國配送網絡逐漸形成和現代物流業發展。

供給側改革給零售業發展帶來的新機遇。零售行業所處的位置與供給側結構性改革有著密切關聯，零售業聯結著消費者與生產者，對消費者來講，零售業就是供給側，而對生產者來講，零售業又代表需求側。這種特殊的地位讓零售業在供給側改革中承擔重任，對實體店或網絡零售商來說都是發展的新機遇。

（二）技術創新加速

互聯網與電子商務的廣泛應用。隨著信息技術的高速發展，新型消費業態不斷深化，互聯網購物、電子商務等新型消費業態創新加速，並推動中國成為全球最大網絡零售市場。2010—2014 年，中國電商交易飛速發展，交易總額年增速 50%以上（見圖 1-1），2014 年電子商務交易額（包括 B2B 和網絡零售）在消費品零售業的份額已接近 50%。電子商務加快了外貿發展方式創新，最近 5 年以來，跨境電子商務交易額的增速也遠高於外貿增速。2010 年，網絡零售市場交易總額佔社會消費品零售總額比例的 3.5%左右，經過 5 年的發展，這個比例激增到 10.6%。

圖 1-1　2010—2014 年中國電子商務交易總額

零售業智能化創新加速，大數據技術將在零售業廣泛應用。大數據對零售業的影響可分為四個層面：第一，利用大數據分析的結果，挖掘供應鏈、物流運營潛力；第二，零售商可以生成大數據產品，挖掘與滿足消費者的個性化需求；第三，利用大數據搭建零售業的生態平臺，為平臺上的企業服務；第四，將大數據資源化，增強信息透明度，促進互聯網金融發展，進而降低平臺參與者的融資成本①。

隨著大數據技術的廣泛應用，中國零售業將成為數據密集型產業。物聯網、雲計算等新一代信息技術的應用，將加快經營模式創新，推動商品流通向網絡化、智能化、數字化方向發展。以信息技術依託形成的商品流通網絡化和智能化，使現代零售成為引領經濟運行的引擎。零售產業將進入大數據時代，中國零售業即將成為數據密集型產業。在未來，零售業的信息平臺會比銷售平臺更受重視，零售業在未來的發展評價中，交通、地段、倉儲等指標不再是最重要的影響因素，而信息和數據的集成能力將起著決定性作用。

(三) 城鎮化為零售業發展帶來了機遇

城鎮化推動了三、四線城市和小城鎮商業配套的發展。由於各方面原因，中國一、二線中心城市發展較快，三、四線城市建設相對滯后，經濟發展的不平衡帶來了諸多問題。黨的十八大以來，國家為推動城鎮化發展出臺了一系列政策。在中國城鎮化戰略中，三、四線城市和小城鎮的商業配套將成為發展重點。因一、二線中心城市的零售業競爭日趨激烈，零售業態也難以在三、四線城市複製，致使三、四線城市的消費需求存在提升空間。三、四線城市的人均購買力雖然比不上中心城市，但是人口基數大、需求潛力較大且租金和人工成本相對較低。2005年，國家啟動了「萬村千鄉市場工程」，隨后，各地區相繼出臺相關的配套措施和優惠政策，推動了大型零售業對三、四線市場的資源整合。目前，零售業在三、四線城市的擴張步伐在逐漸加快，在三、四線城市的店鋪數量和銷售規模增幅均遠遠高於一、二線城市增幅。

城鎮化戰略的加速將推動零售業布局調整。中國城鎮化加速對零售業的影響主要體現在以下幾方面：首先，城市化率的提高擴大了消費和需求規模，特別是農民工進城落戶和新增城鎮人口對消費的刺激作用更加明顯，這將極大地促進零售業網絡發展；其次，京津冀、長三角、珠三角和成渝城市群的迅猛發展，逐漸形成了一批全國性的中心市場，這將推動區域內零售業格局調整；最

---

① 謝宏，詹穎，楊帆. 電商時代傳統零售商的轉型之路 [R/OL]. http://www-935.ibm.com/services/multimedia/retail.pdf.

后，中國城鎮化戰略不僅僅是表現為農民工進城和上樓，更多的是城鎮基礎設施和民生工程建設，因此，城鎮化本身可以拉動投資，包括對農村中小城鎮的物流和商業配套設施投資。綜上，城鎮化戰略為推動城鄉零售業整合提供了較好的物流條件和市場機會。

（四）國民經濟和城鄉居民收入平穩增長

國民經濟平穩增長為零售業發展提供良好環境。消費和經濟增長之間是相互影響、相互作用的，經濟增長影響消費水平的提高和消費結構的升級，而消費需求則對社會經濟發展起著巨大的導向和拉動作用。

城鄉居民收入增長為零售業發展提供有效保障。居民收入水平的提高，能增強居民消費信心，增加消費支出，刺激零售業發展。從當前居民收入情況看，增量和存量都呈增長態勢。

第二節　產業鏈整合是中國零售業的未來發展趨勢

一、理論概述

1. 產業鏈與產業鏈整合概念

（1）產業鏈。產業鏈是一種以產業關聯為紐帶的新型產業組織模式，即主導企業以產業關聯為紐帶，對產業鏈內外資源進行優化配置，控制產業鏈上的商品流、信息流、物流、資金流，進而提高產業競爭力和產業鏈價值。因此，產業鏈中的關鍵要素不僅僅是指產品特徵和生產技術，還包括產業關聯程度和組織模式[①]。產業鏈鏈條中主要有兩種企業：一種是作為整合者的主導企業，主導企業往往控制產業鏈的戰略性環節；另一種則是專業化非常強的中小企業。產業鏈發展對專業化生產的要求越來越強，每個企業很難在全部環節上最優，只能占據適合自身的優勢環節。

（2）產業鏈整合。產業鏈整合是以核心企業為主導，通過資本與知識的驅動拓展產業鏈的資源空間，掌控產業鏈核心環節，制定產業鏈標準和規則；並通過併購、戰略聯盟、信息共享等方式，構建協同運作的產業組織體系，提高整個產業鏈的協同效應和運轉效率。

---

① 張暉，張德生. 產業鏈的概念界定：產業鏈是鏈條、網絡抑或組織？[J]. 西華大學學報（哲學社會科學版），2012（4）：85-89.

現有經濟增長和行業增速都不再支持同質化的大規模擴張，零售行業的黃金增長期已經結束。同時，電子商務、商業地產等域外企業通過產業鏈延伸不斷介入零售領域，如阿里巴巴、萬達集團等，甚至部分製造企業（如娃哈哈集團）也跨界進入零售業，零售業跑馬圈地式的競爭早已白熱化。因此，零售行業的整合與轉型勢在必行。產業鏈理論重新解釋了企業性質，從資源整合空間角度分析了企業適應劇烈外部環境時的競爭行為。企業的可持續競爭力取決於其產業鏈資源控制能力，以及是否能把這種企業能力與外部資源一體化。隨著全球經濟一體化發展，產業分工和專業化生產變得越來越複雜，產業鏈條的延伸和拓展空間越來越大。

2. 產業鏈整合的內容

產業鏈整合的內容主要包括產品鏈整合、價值鏈整合和知識鏈整合。

產品鏈整合。產品鏈整合從狹義上講就是供應鏈整合，即推動供應鏈的信息、決策、財務與運作整合，實現供應鏈企業間的資源共享、協調一致、資金通暢。

價值鏈整合。在資本和知識的驅動下，產業價值鏈在運行和演進過程中會導致產業內部價值鏈的結構性價值調整，推動產業鏈內各企業的利潤再分配。且隨著知識分工不斷細化，產業價值鏈將不斷延伸，帶來外部價值鏈增值或價值重構。

知識鏈整合。傳統產業鏈上的知識沒有實現共享，能夠在產業鏈上轉移的顯性知識也多為技術要求、產品質量等，大量的隱性知識和部分顯性知識沒有在組織中共享。信息技術和電子商務的發展使得知識成為獨立的生產要素，從而使得知識鏈整合越來越重要。

3. 產業鏈整合路徑

產業鏈整合以資源稟賦為基礎，形成了縱向整合、橫向整合和跨鏈整合三個路徑。產業鏈縱向整合是指企業向產業鏈上游或下游延伸，優化產業鏈上、下游企業的協同程度。產業鏈橫向整合是指通過合併重組等方式減少產業鏈中同類型企業的數量，擴大企業規模，實現規模經濟，從而增強產品議價能力，進而獲取壟斷利潤。跨鏈整合是指向產業鏈外擴張，擴大自身產業鏈範圍，甚至產生新的產業鏈。這種新創造出來的產業鏈可能包含新的供求關係、價值分配模式和產業主導技術。企業通過兼併、重組等方式與產業鏈外的企業進行合作，進而獲取甚至控制鏈外資源，通過跨界經營，獲取新的競爭優勢。

產業鏈橫縱向整合與跨鏈整合具有遞進演化特徵，其驅動力是資本與知識等要素。資本與知識的驅動能力越強，資源空間拓展能力就越強，產業鏈整合

程度也就越高。一般情況下，跨鏈整合發生在產業鏈成熟階段，並與其他整合模式共同發展。

4. 產業鏈整合的支持機制分析

邁克爾・波特在其國家競爭優勢理論（鑽石模型）中指出：「一個國家在某個行業取得國際成功的條件是資源與才能要素、需求條件、關聯和輔助性行業以及企業戰略、結構和競爭，政府功能與機遇是兩個輔助因素。」因此，在全球化經濟時代，支撐中國零售業產業鏈形成國際競爭優勢的條件包括要素、需求機制、相關性支持產業、企業自主創新戰略、政府機制，見圖1-2。

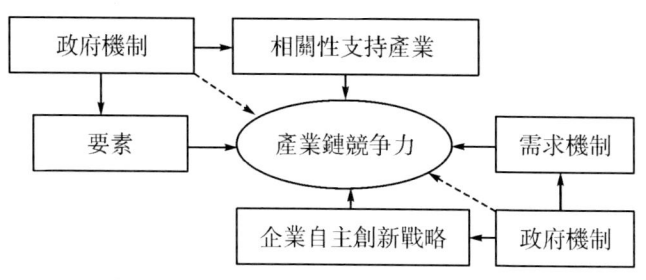

圖1-2　形成產業鏈競爭優勢的作用機制

要素包括人力資源、知識資源、資本資源和基礎設施等。相關性支持產業體現為從上游產業到下游產業的擴散和產業之間的支撐。國內需求對技術創新和提高質量起著尤為重要的作用，苛刻成熟的國內需求有助於本國企業贏得國際競爭優勢。零售業關係國家和民生，產業鏈整合應奉行自主創新戰略，主導關鍵技術研究或市場標準以及產品開發。

政府機制可對上述四個因素產生影響。例如，國內政策可以改變國內需求條件，從而促進客戶不斷提高需求檔次和消費升級，促進供應商按照更高標準提供產品或服務；國家在規模經濟的前提下，引導或抑制企業的壟斷誘惑，刻意保留國內競爭者，努力挖掘國內市場，通過艱難的國內競爭換取國際競爭能力。

在產業鏈整合的過程中，市場機制與政府機制需要同時發揮作用。市場機制是推動產業鏈整合的主導機制，產業鏈內外資源的配置是通過市場的競爭機制來優化的。當然，產業鏈整合離不開政府的引導機制。產業政策的鼓勵、高效的管理體制、公平的競爭環境等，這些都有利於降低產業鏈整合中的交易成本。

二、零售業產業鏈整合分析

(一) 零售業產業鏈整合的理論導向

傳統產業鏈整合理論為零售業產業鏈研究提供了不少有益的分析方法和觀點，但是在互聯網經濟和新技術條件下，現代零售業環境發生較大變化，需要新的理論導向來引導。對於零售業產業鏈整合理論而言，顧客價值導向和知識基礎觀是其最重要的理論導向。

1. 顧客價值導向

當前，現代企業競爭已經從個體競爭擴展到了產業價值鏈之間的競爭，從過去的價格競爭擴展到了創新競爭和速度競爭。產業組織理論認為建立進入壁壘維持壟斷利潤是產業鏈整合的目的，交易費用理論認為佔有專用性準租是產業鏈整合的目的，企業能力理論認為獲得理查德租金或壟斷利潤是企業的可持續競爭優勢，這些過去的理論研究已經不能解釋最新的現象。最新的產業鏈整合理論從顧客價值導向出發，研究方向是如何更好、更快地挖掘顧客的潛在需求、為客戶創造價值，追求的是熊彼特創新租金[1]。

管理大師德魯克首先將顧客價值納入公司戰略。他認為企業的宗旨就是「創造顧客」。企業只有以消費者為核心進行價值創新，開發並滿足顧客真正的需求，才能提高企業競爭力，實現企業價值最大化。奧梅伊同樣認為，滿足顧客的真實需求才是戰略的本質所在。芮明杰教授（2006）指出，企業的競爭根本上取決於企業相對於競爭對手為顧客創造價值的大小，不重視顧客需求的企業不可能獲得持久的競爭優勢。

2. 知識基礎觀

傳統的規模經濟已經不能解釋新經濟的特點，需要用新的理論來解釋。在網絡化、模塊化的新經濟形勢下，知識發揮了越來越重要的作用。知識經濟的特點是報酬遞增，規模經濟的經濟特徵是報酬遞減，這就決定了其研究範式必須重新構造[2]。在傳統的產業鏈中，受區域、設備、勞動力、管理能力的限制，隨著產品的邊際成本上升，生產很快由規模報酬遞增轉為規模報酬遞減。在知識經濟時代，企業競爭優勢不僅僅是通過價格競爭，更多的是來源於知識與創新的競爭。新技術發展和應用引發了傳統產業逐漸突破產業邊界，形成整合型產業體系。通

---

[1] 芮明杰，劉明宇，任江波. 論產業鏈的整合 [M]. 上海：復旦大學出版社，2006：19-48.

[2] 芮明杰，劉明宇. 網絡狀產業鏈的知識整合 [J]. 中國工業經濟，2006 (1)：49-56.

過信息環境和網絡平臺，零售業之間、零售業與其他行業之間不斷實現制度、技術、市場、組織等知識的共享和交流，推動著零售組織的變革和創新。

（二）零售業產業鏈整合動因分析

零售業產業鏈整合的動因包括外因和內因。其中：外部動因主要有信息化與全球化、產業升級、產業安全與經濟安全等，內部動因主要有協同效應、規模經濟與多元化經營等。見圖1-3。

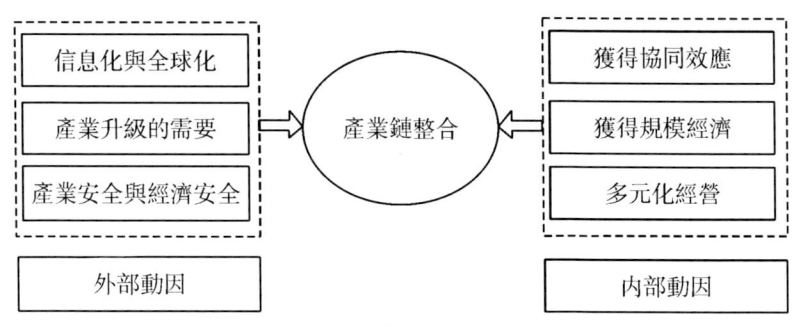

圖1-3　零售業產業鏈整合動因

1. 信息化、全球化

信息化、全球化的不斷發展，推動中國零售業走向國際化，產業鏈整合與發展正好適應了零售業國際化的需要。零售商為了盡快融入全球化的浪潮，會開始專注於核心競爭能力的培養，其發展模式也逐漸趨於扁平化。此外，隨著全球化、信息化的到來，需求、競爭及技術的發展更加多變，使得零售業及其產業鏈發展環境變得更加複雜。在這種不確定環境下，只有確立新的組織結構、發動各方力量、協同信息與網絡、統一標準和協議、發揮整體效力，才能夠切實地降低各自的成本及總成本[①]。

2. 產業升級的需要

中國零售業產能過剩問題突出，主要表現為企業規模小、數量多、技術水平和生產效率落後；零售的商業物業資源面臨供給無序的現實，比如，國內一年之內新開業的購物中心就近千家。根據零售業發展的經濟規律，產能過剩後，必然迎來行業整合。過剩的產能可以依靠不斷增長的需求來逐步消化，而過剩的企業則只能依靠產業整合來逐步改善[②]。因而通過產業鏈整合對市場資源進行重組，

---

① 朱蕊. 基於價值網的物聯網產業鏈協同研究［D］. 南京：南京郵電大學，2012.

② 張彬琳. 產業整合的動因、趨勢和績效研究——基於2007—2013年企業併購數據的微觀視角［D］. 蘇州：蘇州大學，2015.

提高產業集中度，是提高零售業效率、增強零售業整體競爭力的一個重要方向。此外，中國零售業上游供應鏈層面目前也正面臨著產能過剩的問題，隨著上游供應鏈整合進程加速和市場集中度提升，必然會對下游零售業有傳導作用。上游供應商規模擴大帶來的議價權提升會倒逼零售商謀求規模、議價權提升。

3. 國家產業安全與經濟安全的需要

中國幾乎集聚了全球最著名的零售商，部分上、下游企業融入跨國零售巨頭主導的全球價值鏈。伴隨產業升級壓力，中國零售業及相關產業融入全球價值鏈的優勢逐步被抵消。零售業對於國民經濟有先導作用，對國家經濟安全具有戰略意義，擺脫全球價值鏈的低端鎖定、振興和升級國內零售業，亟須打破資源流動的空間約束，整合相關產業資源。

跨國零售巨頭具有全球化資源整合能力，可依託於全球網絡渠道優勢和規模優勢向上游的製造業和下游分銷商實施縱深控制，進而主導中國消費品的產供銷命脈。跨國零售巨頭的全球化整合可能影響中國政府的調控能力，甚至影響中國製造的經濟安全。因此，我們需要在零售業培育一些「航母」（產生於本土的產業鏈「鏈主」）。然而，因中國零售業開放程度高，本土企業要掌控國內主渠道，對抗跨國零售巨頭的蠶食入侵，是非常艱巨的。為此，國家可從產業政策方面給予支持，培育能充當做市商的大型零售集團，推動一些大型零售商支持國家戰略。通過政策優惠鼓勵條件成熟的國內大型零售商通過收購、兼併、投資、參股等，引導本土製造業和本土零售業的合作競爭，構建基於本土零售業的產業鏈，提升其國際競爭力。

4. 獲得協同效應

波特認為，協同效應來自於價值鏈和經營流程的多個環節，涉及企業管理的諸多方面。產業鏈主導企業通過對價值鏈和經營流程等的整合可以創造競爭優勢，提升產業鏈價值。

（1）協同效應包括產業協同效應、管理協同效應、運作協同效應和產品及應用協同效應（見圖1-4）。產業協同效應是指整合後帶來的產業結構調整與升級以及專業協作水平的改變所產生的利潤增效作用。管理協同效應主要是指通過制定整個產業鏈運作的原則與規範，指導產業鏈上的各個成員，使其各自的戰略目標和戰略規劃與全局的目標和規劃保持一致；管理者根據成員完成目標的情況給予評價並提出指導性的意見，不斷改進組織環境，從而提高整個產業鏈運作的效率。運作協同效應主要是指通過產業鏈的協同管理，各成員企業基於共同的戰略目標與規劃進行具體的運作層面的協同。產品與應用協同效應主要是指信息平臺協同、銷售網絡的共享以及產品與應用合作開發的深度和

廣度，產業鏈上各節點成員要有高效的信息傳遞和共享機制，保障信息的實效性與準確性，以便及時瞭解用戶需求變化的動向。核心成員應當率先建立良好的共享機制與平臺，如建立區域協調中心推動區域協調和統籌，組建產品服務團隊準確把握市場需求和加強產品供應柔性；繼而帶動其他節點成員建立相應的機制與平臺，實現整個產業鏈協同系統真正意義上的信息共享，從而促進產業鏈中長期合作伙伴關係的形成①。

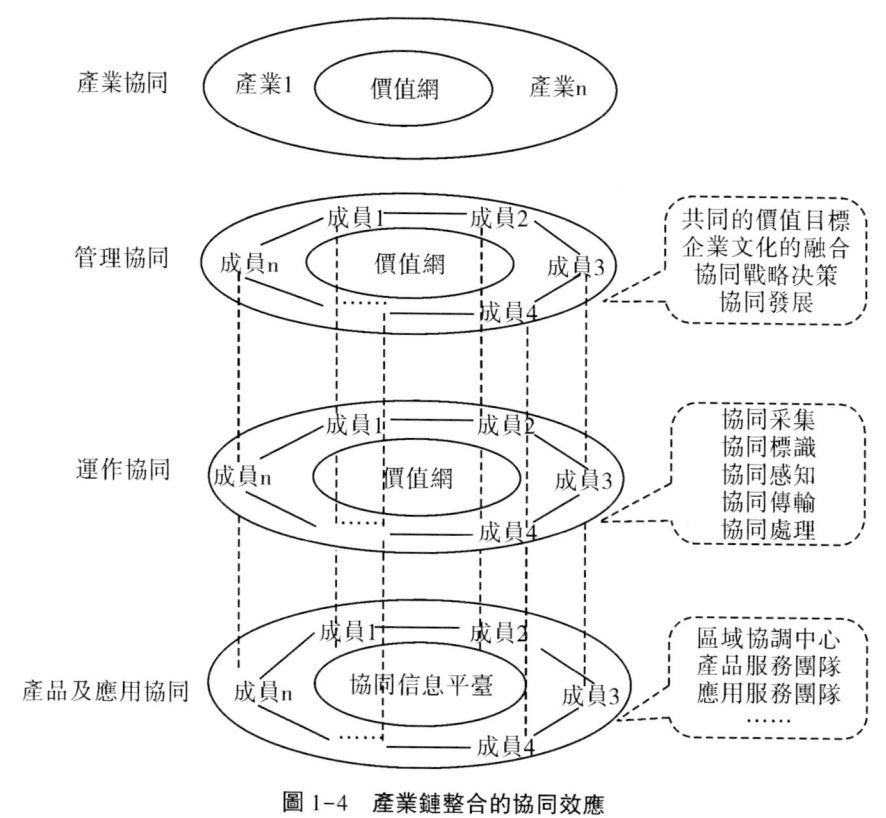

圖1-4 產業鏈整合的協同效應

資料來源：朱蕊. 基於價值網的物聯網產業鏈協同研究 [D]. 南京：南京郵電大學，2012.

（2）從產業鏈整合模式看，其協同效應體現在三個層面：一是產業鏈與產業鏈之間整合的協同效應，通過產業鏈主導企業的集中管理，使得不同產業鏈之間管理相互整合，帶來總的經營成本的降低；二是產業鏈主導企業通過產權或管理融合，整合產業鏈內的上、下游各個部分的資源達到企業的縱向一體

---

① 朱蕊. 基於價值網的物聯網產業鏈協同研究 [D]. 南京：南京郵電大學，2012.

化；三是產業鏈上的產品服務、品牌聲譽等環節在運行中取得協同效應，通過核心產品帶動其他產業衍生產品的發展，通過核心競爭力的跨行業傳遞，實現產業鏈的品牌化營銷與拓展①。

5. 規模經濟

生產和經營中的大量實踐素材證明，企業可以通過微觀層面的產業整合行為，即併購重組來獲得規模經濟效應。規模經濟效應對產業整合的推動作用主要體現在橫向整合和縱向整合之中，其對於混合整合的驅動作用較弱。發生在同一生產領域的橫向整合能夠明顯地擴大企業在自身所處行業領域的規模，降低產品的單位生產成本，推動企業盡快取得自身的最佳規模經濟效應，在此基礎上企業的生產也會更趨向專業化，進而為整個產業的升級注入動力；而發生在業務往來密切的上、下游企業間的縱向整合，則能夠有效地降低企業間的交易費用，加強整合方對生產流程的統一控制，便於更加高效地解決生產流程中出現的問題，提高產品生產效率②。

6. 多元化經營

2008年國際金融危機后，全球經濟復蘇緩慢，經濟發展中的不確定因素較多，國內零售業呈現綜合化、多元化發展趨勢。隨著互聯網經濟的快速發展和消費結構升級，居民消費將更加追求個性化、多樣化，零售業將圍繞消費者的生活服務展開多元化經營。零售業在相關多元化經營的驅動下，促進產業鏈上下游各環節協調發展，適應和滿足消費者多元化、個性化需求。

小結

產業鏈理論重新解釋了企業性質，從資源整合空間角度分析了企業適應劇烈外部環境時的競爭行為。產業鏈整合為解決中國零售業問題提供了理論分析框架，研究中國零售業產業鏈整合具有較強的現實價值。政府要重視零售業產業鏈整合的戰略意義，設法降低零售業產業鏈整合的制度成本，創造各種有利條件推動和促進相關參與者聚集，並提供相應的行動協調平臺與機制。

零售業產業鏈整合的動因包括外因和內因。外部動因主要有信息化及全球化、產業升級、產業安全和經濟安全等，內部動因主要有協同效應、規模經濟與多元化經營等。

---

① 尹曉玲，何智韜. 全產業鏈為什麼沒有帶來協同效應？[J]. 企業管理，2014 (8)：44-48.
② 張彬琳. 產業整合的動因、趨勢和績效研究——基於2007—2013年企業併購數據的微觀視角 [D]. 蘇州：蘇州大學，2015.

第二章　中國零售業產業鏈整合的戰略路徑分析

第一節　零售業產業鏈整合的戰略思路

一、零售業產業鏈整合目標

中國集聚了世界上所有知名的、在運營素質上最強的零售商，這種現象在發達國家市場也不是普遍的。在歐美等發達國家，雖然零售業已國際化，但基本上是本國零售商巨頭在互相競爭，而中國國內市場不但有跨國零售巨頭，還有快速崛起的電子商務巨頭，中國零售業競爭可能比全球多數零售市場都要激烈。要想在國內市場獲得更多份額，不能僅靠規模效應和政策扶持，而且需要在市場化機制下，實施產業鏈整合，利用全球資源，打造和諧的零售業生態系統，形成一批「零售業航母」集群，提高中國零售業的國際競爭力；形成與新型工業化、消費需求變化、製造業轉型、城鎮化相適應的產業組織體系，打造能控制整個產業鏈的零售巨頭。

二、零售業產業鏈整合的戰略思路與分析

在國際競爭和新技術革命衝擊下，中國零售業面臨著越來越嚴峻的挑戰，同時，零售業還面臨內部體制、機制和市場分割等瓶頸問題。在這種情況下，產業鏈整合為解決中國零售業問題提供了理論框架。中國的零售業如何通過產業鏈整合實現轉型升級，提高國際競爭力和企業價值？其戰略方向和路徑是什麼？這需要在探索零售業演化發展規律的基礎上，結合內外部環境分析，制定

清晰的產業鏈整合戰略，並獲得相應制度環境和政策的匹配和推動。

中國零售業產業鏈整合總體戰略思路（見圖2-1）：

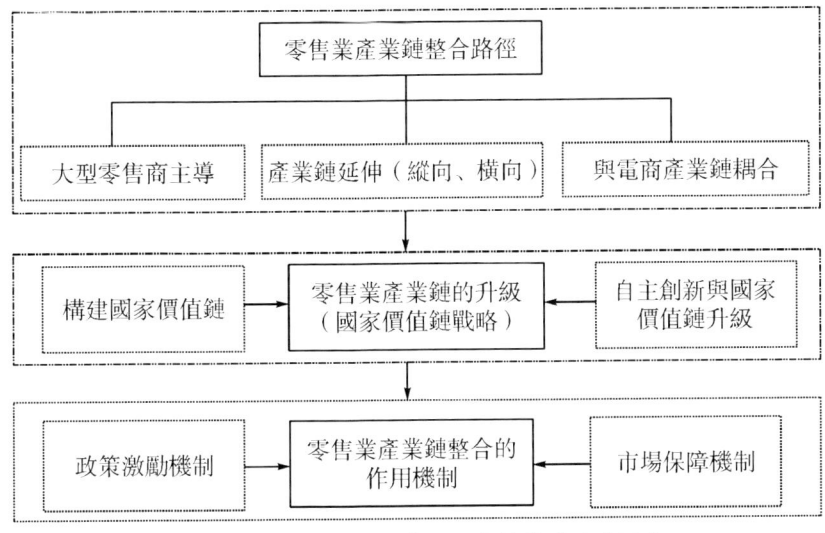

圖 2-1　中國零售業產業鏈整合的總體戰略思路

（1）在互聯網經濟時代，大型零售商是中國零售業產業鏈整合的主導企業（或鏈主），主導企業的存在是產業鏈整合的前提條件。

（2）鏈主通過產業鏈延伸，促進產業鏈的橫向整合與縱向整合；推動零售業產業鏈與電商產業鏈的耦合。

（3）在全球化的今天，要成為產業鏈整合者或治理者，必須依靠自主創新，提升要素配置水平。零售業產業鏈需要突破全球價值鏈的低端鎖定，構建國家價值鏈，整合國內外資源創新升級。

（4）市場保障機制和未來的進一步市場開放戰略是零售業產業鏈整合的基礎和保障，它不僅僅體現為對外開放，更多地體現為市場放開，用市場機制配置資源。

第二節　形成大型零售商主導零售業產業鏈整合格局

一、零售商在產業鏈中的地位及其發展

美國大型零售商通過產業鏈整合，形成了全球採購、運輸、營銷網絡、銷

售和售后服務體系；通過整合全球供應鏈進而控制全球商品流，對絕大多數的工業品流通渠道進行主導與控制，集採購、分銷、配送及零售四個環節於一體。另外，在美國的農產品流通中，近80%的農產品是從產地直接配送到零售商。美國零售商借助於完善的資本市場體系和交易價格機制，獲得了美國商品流通的國際定價權。據統計，美國製造的影響力遠不如美國流通。雖然美國製造業在全球的份額高達25%，但是美國的流通業通過對資金流的控制，影響力超過製造業。美國流通業中的貨幣儲量和貿易結算貨幣均占全球份額的一半以上，其資本市場市值、期貨市場市值、債券市場市值的總和也占全球60%以上。特別地，美國零售業已超越製造業、金融業，成為美國競爭力最強的產業。日本綜合商社是以貿易為主體，集貿易、金融、信息、綜合組織與服務功能於一體的跨國公司組織。它們大多起源於商業貿易，構建了涵蓋供應商組織、流通組織和製造商的生產組織體系，並融合主辦銀行和製造企業，實施全球經營網絡與「上控資源、中聯物流、下控零售」跨鏈整合，整合全球資源，在全球範圍內爭奪原料、技術和市場，並有效地抑制了來自於供應鏈兩端的「商業脫媒」壓力。

　　中國零售業的發展，曾先后經歷了製造商主導、渠道商主導階段（五交化公司、供銷社等），在此過程中，產業鏈的製造、渠道和消費三個環節之間相互博弈、議價力此消彼長。在新技術發展迅速的知識經濟時代，產業鏈的發展動力逐漸從產業資本轉向商業資本。在商業資本主導的部分行業已呈現大型零售商主導產業鏈整合的格局和趨勢。書中界定的大型零售商主要是指傳統的大型零售業（如百貨集團、大型的連鎖超市與專業店等）以及以 C2C、B2C 為主營的大型電子商務公司[①]（如淘寶、天貓以及京東商城等）。在以大型零售商主導的產業鏈系統中，國內零售高度集中於少數大型零售商，並以大型零售商為中心，研發、生產、消費與流通形成一個龐大的協作系統，大型零售商與產業鏈系統內供應商、製造商以及其他組織之間相互作用，共同實現產業鏈利益最大化。

[①] 電子商務（簡稱電商）是指在全球各地廣泛的商業貿易活動中，在因特網開放的網絡環境下，基於瀏覽器/服務器應用方式，買賣雙方不謀面地進行各種商貿活動，實現消費者的網上購物、商戶之間的網上交易和在線電子支付以及各種商務活動、交易活動、金融活動和相關的綜合服務活動的一種新型的商業運營模式。電商企業網絡零售的代表性模式是 B2C 與 C2C。中國 C2C 網絡零售市場佔有率淘寶網一家獨大；根據經營品類和渠道模式的不同，B2C 可細分為門戶類、行業類（垂直類中間商）、直銷式及平臺類模式。

二、大型零售商實力不斷增強，並逐漸成為行業主導者

（一）產業鏈的核心環節逐漸轉移到零售業等服務領域

在產品過剩和微利經濟下，製造業創造的附加值不斷降低，製造業的技術創新和成本降低變得越來越艱難。與此同時，從物流、採購、銷售、融資等渠道進行降本增效的空間變得更大，從終端銷售渠道獲取的利潤將更為豐厚，從商業模式和管理模式創新獲得的新市場空間更為可觀。因此，對不少產業領域而言，產業鏈的核心已經開始向零售、流通等服務領域轉移。比如：在家電、日用消費品行業中，零售商已經占據主導地位；在鋼鐵、煉化、食用油等行業，原材料流通商的產業話語權已超越一般製造商，形成鏈主地位。當然，這些行業中也存在具有極高技術領先優勢的製造商並具有較大產業勢力，但這已成為個別現象。這一現象從傳統產業領域開始，未來隨著市場價值的轉移，必將向更多行業擴散。而現代流通產業的快速發展，正是促進這一進程的重要力量。隨著中國進入消費者經濟和物流信息化時代，大型零售業正脫離傳統的交易中介角色轉而扮演起了組織生產、引導消費的市場組織者，從而形成本土企業主導的國內產業鏈。

（二）大型零售商實力不斷增強

1. 傳統零售商實力不斷增強

經過十多年的快速發展，中國傳統零售商實力不斷增強。從2015年中國零售百強榜單的前10名企業來看，過萬億元的超大型零售企業有1家（天貓交易額1.14萬億元），過千億元的特大型零售企業有7家，過百億元的大型零售企業有65家；2015年零售百強入圍門檻為40億元。而在2014年零售百強榜單中，銷售額過百億元的大型零售企業有63家，銷售額過千億元的特大型零售企業有6家，過萬億元的超大型零售企業為0（居於榜首的天貓交易額為7,630億元）。

2. 網絡零售商快速做大

網絡零售的代表性模式是B2C與C2C。2013年，B2C與C2C等網絡零售交易占整個電子商務市場份額的17.6%，另外的份額主要是B2B，占80.4%。2015年，中國電子商務交易額達15.8萬億元，同比增長30.4%。其中，B2B交易額達11.4萬億元，同比增長14%；網絡零售市場交易規模達3.8萬億元，同比增長35.7%。中國網絡零售市場交易規模占社會消費品零售總額的

12.7%，較2014年的10.6%，提高了2.1%[①]；2016年上半年中國網絡零售市場交易規模占社會消費品零售總額的14.8%，較2015上半年同期增長了3.4%[②]。

中國最大的網絡零售商是阿里巴巴集團，其擁有淘寶和天貓兩大網絡零售平臺，2014—2016財政年度的淨利潤（人民幣）分別是270億元、349.8億元、427.4億元。阿里巴巴到2015財年的國內零售市場交易額已經達到24,437億元人民幣，占了中國零售消費總額的9%。淘寶網在C2C網絡零售市場佔有率一家獨大，2013年、2014年淘寶商品交易額分別為1.1萬億元、1.678萬億元，均占當年全部C2C市場份額的90%以上。天貓商城在中國B2C網絡零售市場上排名第一，占據國內半壁市場，遠超第二名的京東商城。2015年，中國B2C網絡零售市場（包括開放平臺式與自營銷售式，不含品牌電商），天貓排名第一，占市場份額的57.4%；京東名列第二，占23.4%；唯品會位於第三，占3.2%；位於4～10名的電商依次為：蘇寧易購（3.0%）、國美在線（1.6%）、1號店（1.4%）、當當（1.3%）、亞馬遜中國（1.2%）、聚美優品（0.8%）、易迅網（0.3%）[③]。阿里巴巴和京東的總份額達到80.8%，平穩中漸長。排名前10的電商其網絡零售市場份額已達到93.6%。

大型電商企業與大型實體零售企業在不斷的發展中，已逐漸成為零售業產業鏈整合的兩大主導力量。例如，「騰百萬」（騰訊、百度和萬達）的戰略合作以及騰訊與京東的戰略聯盟，加速了B2C電商的發展，國內幾家大型電商占據市場的寡頭局面正在形成。依託B2C與C2C平臺，大型電商的發展推動了產業鏈延伸和相關產業發展。2013年，僅淘寶和天貓共產生了50億個包裹，占中國當年包裹總量的54%。目前，淘寶和天貓已擁有活躍買家2.55億個。

最近三年，多家大型電商利用平臺優勢和龐大的自建物流系統，以整合消費者為核心，以網絡零售為基礎，不斷深入生活服務領域，逐步形成以電商為主導的產業鏈。例如，大型電商以B2C為平臺，形成電商主導下的產業鏈（見圖2-2）。

[①] 2015年中國電商交易額突破18萬億 同比增長36.5% [EB/OL]. [2016-05-17]. http://money.163.com/16/0517/16/BN9GPRUG00253B0H.html.

[②] 中國電子商務研究中心.2015年度中國網絡零售市場數據監測報告 [EB/OL]. [2016-05-16] http://www.100ec.cn/zt/upload_data/2015ls.pdf.

[③] 2015年中國電商交易額突破18萬億 同比增長36.5% [EB/OL]. [2016-05-17]. http://money.163.com/16/0517/16/BN9GPRUG00253B0H.html.

圖 2-2　B2C 電商產業鏈

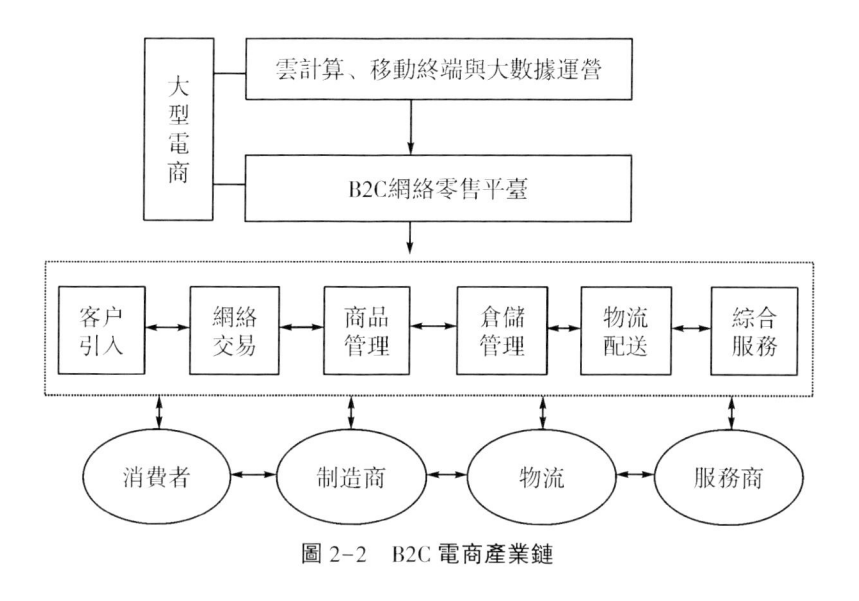

三、大型零售商主導下的產業鏈整合分析框架

產業鏈整合離不開主導企業的引領作用，主導企業是協調產業鏈集體行動和提高整個產業鏈運作效能的關鍵。芮明杰、劉明宇（2006）認為，在新技術革命的影響下，現代產業鏈整合的研究範式應重點關注顧客價值導向和知識基礎觀，強化知識整合帶來的報酬遞增，挖掘顧客需求和創造客戶價值[①]。程宏偉、馮茜穎、張永海（2008）提出，產業鏈演化的根本動因在於資源、資本與知識要素間的相互作用，三者在不同階段所起的作用有輕重之分，呈互動式發展[②]。在新技術發展迅速的知識經濟時代，顧客價值和知識整合變得越來越重要。因此，大型零售商主導下的產業鏈整合受顧客價值、知識整合和資本整合影響。

顧客價值是大型零售商實施產業鏈整合的邏輯起點，資本與知識是大型零售商實施產業鏈整合的客體。產業鏈節點間互相合作，通過資本整合與知識整合，優化配置產業鏈資源，促進產業鏈的有序化發展與升級。同時，政府要營造開放的環境和透明的機制來降低產業鏈整合成本。市場機制則通過價格競爭

---

① 芮明杰，劉明宇. 產業鏈整合理論述評［J］. 產業經濟研究，2006（3）：60-66.
② 程宏偉，馮茜穎，張永海. 資本與知識驅動的產業鏈整合研究［J］. 中國工業經濟，2008（3）：144-152.

來優化配置生產要素，促進產業鏈系統的開放性發展。綜上所述，產業鏈整合的關鍵要素主要包括五項：顧客價值、知識、資本、產業政策和市場。要素之間的各種關係和互動機理組成了產業鏈整合的機制體系。產業鏈整合中，主體之間存在各種互動鏈條，如價值鏈、商品鏈、知識鏈、企業鏈等。價值鏈是實現產業鏈整合和發展的核心關係鏈；商品鏈是消費需求和生產需求的鏈接，著眼於技術、產品和消費者變化；知識鏈是制度、組織和技術知識的鏈接；企業鏈是產業鏈節點間的鏈接，著眼於企業或產業鏈邊界問題的協調。因此，構建產業鏈整合的相關運轉機制，需要考慮主體之間已經存在的各種互動鏈條。

筆者從關鍵要素入手，以商品鏈、價值鏈、知識鏈、企業鏈為支撐點，構建產業鏈整合機理的分析框架，具體如圖2-3所示。

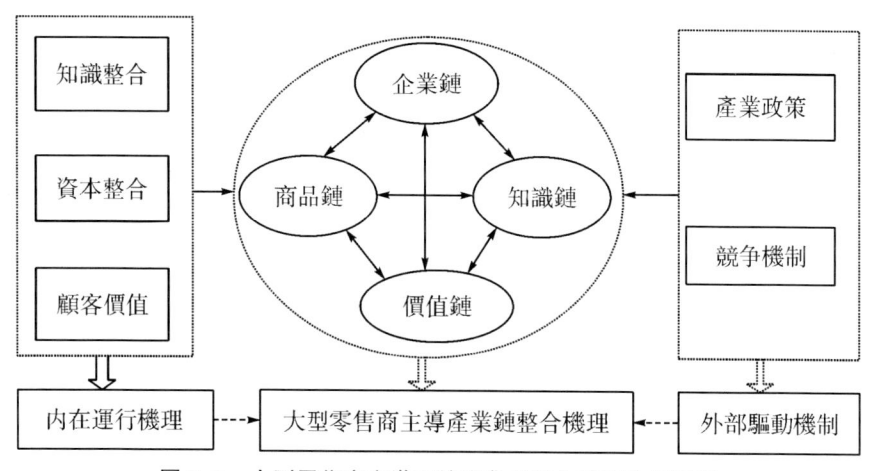

圖 2-3　大型零售商主導下的產業鏈整合機理分析框架

四、大型零售商主導產業鏈整合的內部運行機制

（一）顧客價值整合是大型零售商主導產業鏈整合的邏輯起點

顧客價值是產業鏈整合的邏輯起點。管理大師彼得·德魯克最先把顧客價值納入公司戰略，並把「創造顧客價值」作為企業宗旨和戰略目標。在新技術革命和大型零售商的引領下，消費者走到了產業鏈前端並參與產業鏈活動。企業獲取競爭優勢的能力取決於顧客價值創造，而產業鏈則是一系列通過分工協作轉移和創造價值的企業的集合。

大型零售商集聚了最廣泛的顧客需求信息，獲得了主導產業鏈整合的空間與動力。首先，大型零售商處於渠道末端，融合了線上線下渠道功能，可實現

與消費者最廣泛的接觸，利用海量的消費者需求信息引導需求，集聚消費者需求形成大規模定制，進而參與或主導上游產品的研發、配送與質量管理等，並對相關業務流程進行評價，獲得整合產業鏈的動力和資本。其次，通過互聯網和電子商務技術的廣泛應用，把市場分工與企業分工深化交織在一起，形成電子化的分工網絡體系，以高效地瞭解和滿足顧客需求，而大型零售商在協調這種分工網絡的同時也獲得了主導產業鏈整合的空間與動力。

滿足顧客多元化需求，促進產業鏈協同行動。隨著生活水平的不斷提高和消費升級，人們逐步追求消費價值的多元化和個性化；顧客價值過程也從單純的消費服務轉變為消費的事前、事中和事後全過程，體驗與感知消費、品牌消費不斷升級；顧客價值形態不再局限於某項使用價值的滿足，而是注重消費帶來的整體效用，並呈現多元化的傾向。為適應和滿足多元化的顧客價值需求，需要零售商和供應商之間協同行動，按市場需求的變化為顧客提供所需的產品和服務。這一過程為大型零售商突破組織邊界、實施產業鏈整合提供了契機。

(二) 知識整合是大型零售商主導產業鏈整合的關鍵

知識是產業鏈整合的關鍵要素。產業鏈在本質上是以知識分工協作為基礎的功能網鏈，通過知識的分工和知識共享，使得產業鏈分散在不同環節的知識能夠協同起來，將知識的外部性內部化，進而獲得遞增報酬，為顧客創造價值，產品生產聯繫和由此產生的物質流動只是產業鏈的外在表現形式。產業鏈整合的過程就是選擇交易效率較高的組織模式，實現知識共享、知識融合與創新的過程。知識整合有效地降低了產業鏈整合風險。在產業鏈整合過程中，知識的作用是降低其不確定性。根據知識的上述功能，可將其劃分為市場知識、技術知識和制度知識。市場知識的主要功能是減少供需之間的不確定性；技術知識能夠避免產品功能的不確定性，保障產品的質量和安全；制度知識則是約束雙方行為，減少生產協作過程中的不確定性，降低產業鏈整合的交易成本。在零售業產業鏈整合過程中，由於生產迂回鏈條的延伸，可能產生某些投機行為，這使得產業鏈系統不穩定風險增加，知識整合具有較少不確定性，從而可以降低系統整合風險。

知識整合促進了分工專業化和需求個性化，這使得產業鏈不斷分解與組合，進而為大型零售商主導產業鏈整合中提供了內在動力。分工專業化與消費者需求個性化使得市場競爭加劇，產業鏈節點間依賴關係越來越強，且不確定性加大，大型零售商通過縱向約束與流程再造，對產業鏈進行分拆與整合，在生產、分銷、物流、售後服務環節上插入更多的迂回銷售鏈條，增強產業鏈上下游的協同性，發揮著組織生產、引導消費的作用。隨著大型零售商的分工深

化與迂回生產鏈條的引入，產業鏈專業化效率得到提升，並產生規模報酬遞增效應，最終形成大型零售商推動產業鏈發展的內在力量。

互聯網、電子商務等信息技術促進了知識共享平臺的建立，為大型零售商整合產業鏈提供了必備條件。顧客需求的多元化與專業化生產需要把客戶知識和技術知識有效聯結起來，這依賴於知識共享平臺的建立。隨著互聯網、電子商務、雲計算等現代信息技術的快速發展，零售業逐漸向智能化、網絡化、數字化方向發展，促進了零售業知識共享平臺的建立。例如，沃爾瑪美國總部擁有規模僅次於美國聯邦政府的計算機系統，並擁有自己的商業衛星專用頻道，可及時傳遞和處理全球各地市場和連鎖店的信息，通過 RFID 系統全程監控貨物從運輸、倉儲到貨架的全過程，為產業鏈提供信息共享服務。蘇寧雲商通過線上線下融合打造了一個知識共享平臺，在產業鏈前端，建立多渠道、多業態的零售平臺，廣泛拓展和整合各類產品、內容和服務，為消費者提供一站式的購物休閒娛樂；在產業鏈后端，將採購、物流、資金、IT 等核心知識開放給產業鏈合作伙伴。另外，大型零售商利用縱向約束，實施品牌化、規範化與統一化運作，也可促進產業鏈知識協同平臺的形成。

（三）大型零售商的資本整合促進了產業集中與交易成本節約

隨著大型零售商的資本整合力度加大，零售業集中度不斷提高，生產商地位相對下降，生產商對大型零售商的依賴程度加大，使得大型零售商主導地位不斷增強。同時，大型零售商的高集中度也帶來了交易成本節約，為產業鏈整合獲得更大的規模經濟效應。

大型零售商的資本整合與併購加劇。根據安永會計師事務所發布的《零售革命：中國零售業併購現象概覽（2006）》和德勤公司發布的《中國零售力量（2012—2014 年）》數據整理分析，2005 年，中國零售業的併購交易總額為 111 億元，而 2011 年的零售業併購交易總額比 2005 年增長近 3 倍（達到 374 億元），2013 年的零售業併購交易總額比上年增長近 3 倍。另外，據普華永道統計，2014 年美國零售業併購案交易總價值創 5 年來新高，單筆併購金額超過 5,000 萬美元的交易的總額近 2,000 億美元，比上年增長近 6 成。隨著網絡零售的發展，大型網絡零售商的資本整合加速，加劇了零售業的併購重組。2014 年，以阿里巴巴和京東為代表的網絡零售商，在境內外資本市場募資總額超過 300 億美元。伴隨著巨額的融資，大型零售商展開了大規模的併購重組交易。

隨著大型零售商的資本整合和併購重組發展，零售業的集中度不斷提高。供應商、製造商對大型零售商的依賴程度不斷加深。在美國，反映市場集中度

的CR4、CR20指數在20世紀末到21世紀初的十年中，其增長幅度均高達36%以上，美國沃爾瑪等大型零售商已成為一種品牌標誌。2010年，澳大利亞前4家大型零售商的銷售額占全國銷售額近80%，英國前6家大型零售商的銷售額甚至占據了全國近9成的銷售額。2012年入榜「全球零售業250強」的80多家美國零售業銷售額達16,000多億美元，占全球250強銷售總額的40%以上。目前，中國排名前10位的傳統大型零售商占據的市場份額不高，但隨著大型網絡零售商的崛起，國內零售業的市場集中度將逐漸提升。特別是在某些行業，這個發展趨勢非常明顯。如家用電器零售業，2013年限額以上企業的家電零售額近7,000億元，國內前10家大型零售商（天貓、京東、蘇寧、國美等）就占據了全國8成以上的銷售額。

具有較高市場集中度的大型零售商利用縱向約束，可推動供應鏈業務流程重構，促使供應商、製造商等產業鏈環節實現生產、銷售、配送等活動的專業化，加深產銷之間相互依存度；通過供應鏈業務流程的高度銜接，最大程度地節約交易成本。大型零售商利用縱向約束，實施品牌化、規範化與統一化運作，進而利用標準化的產品服務推進產業鏈協調平臺構建。另外，大型零售商處於消費末端，占據著與消費者最廣泛接觸的位置，能集聚消費者需求形成大規模定制，進而降低消費者購買商品的信息搜尋成本。

五、大型零售商主導產業鏈整合的外部驅動機制

（一）產業政策

產業政策對產業鏈整合的作用機理如下：首先，基於流通效率提升和國家產業安全的需要，中國政府出臺了一系列扶持大型流通企業的政策，通過政策優惠，鼓勵條件成熟的國內大型流通企業收購、兼併、投資、參股和合作。其次，政府致力於營造公平的競爭環境，打破行業壁壘，消除人為的地方保護，這將有利於生產要素的自由配置，同時有利於降低市場交易成本，推動企業之間的橫向合作與縱向整合，在一系列的密切合作關係中，大型零售商的主導地位不斷增強。最後，在政府的未來行動中，還可建立更為高效的管理體制來引導產業鏈整合方向，營造和諧開放的環境來降低產業鏈整合成本；完善第三方監管機構的職能，保障知識共享與知識整合的順暢進行，降低知識交易活動風險。

（二）市場競爭機制

在中國，大型零售商的品牌效應以及渠道優勢越來越明顯，其主導產業鏈

的地位已經呈現。出於對社會平均利潤率的追逐,大型零售商已經從簡單的購物場所轉變成了為消費者和廠商分別提供消費者服務和生產者服務雙重服務的雙邊市場平臺,具有雙邊市場的特性。大型零售商利用雙邊市場的差異化戰略和「不對稱定價」機制,促進產業鏈整合。

　　雙邊市場的差異化戰略,促進產業鏈共享平臺建立。差異化戰略包含兩個層面的含義:製造商的產品差異化戰略與消費者需求個性化。製造商出於增強自身市場勢力的目的,越來越多地運用產品差異策略來壓縮或減小消費者需求彈性;製造商個體原來推崇的差異化戰略,在產業鏈平臺上的影響力越來越小,它們的差異化產品越來越難以被識別出來。隨著經濟轉型和消費升級,消費者的偏好越來越趨於個性化,增大了交易成本。大型零售商通過其平臺,整合眾多的差異化產品和個性化需求,充分發揮其提高交易頻率、增加交易對象、擴大交易範圍的市場創造作用,提高了商品流通效率。

　　對雙邊市場的「不對稱定價」,提升顧客價值。大型零售商在平臺的一邊實行免費或者補貼,而在平臺的另外一邊收取相對較高價格的通道費,通過通道費把顧客利益的外部性內部化。即對製造商與消費者實現交易匹配的協同,對製造商實施著各式各樣的縱向約束,並向消費者讓渡與製造商進行協同的價值。因此,大型零售商通過雙邊市場的「不對稱定價」機制來優化配置生產要素,維持產業鏈系統的開放,在激烈的競爭中獲得競爭優勢,進而獲得了主導權利。

六、大型零售商主導零售業產業鏈整合的發展趨勢

　　隨著顧客消費升級、知識分工深化和信息技術(如電子商務、移動互聯網和雲服務等)發展,大型零售商及其主導下的產業鏈功能將發生變化。首先,產品、金融、技術等知識要素進一步融合,大型零售商不再是傳統的商品經營,而是整合資金流、物流、信息流、物流的平臺,並逐漸成為具有產業鏈整合能力的平臺服務商。其次,創造顧客價值的環節主要是研發、營銷等「服務活動」,產業鏈主導者獲取顧客價值的載體將從實體資產轉向虛擬資產(如品牌、專利、技術標準、營銷手段和網絡等)。可以預見,在未來的發展中,大型零售商將成為服務提供商,為產業鏈節點企業提供整體解決方案和服務。伴隨大型零售商的功能升級,產業鏈整合將呈現以下發展模式:供應鏈服務提供商模式、全渠道服務商模式和全產業鏈服務商模式。

　　(一)供應鏈服務商模式

　　大型零售商利用其信息資源優勢干預、影響製造商的生產經營活動,逐漸成

為主導產業鏈系統架構與優化的服務提供商（見圖2-4）。首先，隨著大型零售商連鎖化、信息化和品牌化發展，大型零售商能為消費者、製造商和供應商提供消費者服務和生產者服務，如向供應商提供的生產性服務包括信息流、物流和資金流服務，以及品牌、評價、質量監控和標準制度等服務。其次，作為服務提供商的大型零售商將不再以商品為核心，而是以需求為主線，通過對客戶需求預測和客戶關係管理，及時把握客戶需求變動和更新，整合各供應商、製造商資源及能力，向產業鏈各環節的客戶提供完善的一體化服務，實現價值創新，並建立起以服務為核心的信息流通網絡。最后，大型零售商介入供應商與製造商的價值鏈服務，涉及的價值鏈更長，產業鏈組織的能力也更強；通過整合供應鏈平臺，實現消費者數據、商品與物流等知識資源共享，幫助供應鏈上、下游企業降低新用戶開發成本，提升商品流通效率，創造更大的產業價值。

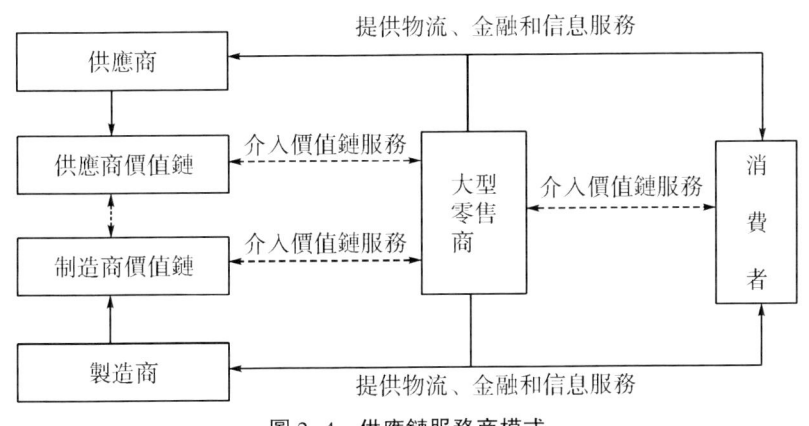

圖2-4　供應鏈服務商模式

（二）全渠道服務商模式

隨著信息技術進入社交網絡和移動網絡時代，移動互聯網、大數據、雲計算等技術快速發展，以電子商務為核心的服務商不僅改變了用戶的消費行為和消費需求，而且使商家精準、快速地滿足這些需求，並最終形成「超級店+社區店+網店（PC+移動）+物流配送網」的全渠道服務商模式（見圖2-5）。2013年6月，國美在線和天貓商城達成戰略合作，完成了中國電商領域最大規模的跨平臺合作，通過加速線上線下融合，實現了與門店體系供應鏈和后臺系統的共享，使雙方供應鏈能力得到進一步強化。蘇寧雲商未來將以消費者為中心，以信息技術的進步為紐帶，線下開闢超級店、旗艦店、生活廣場等，為消費者提供展示、體驗以及購物提貨；線上提供商品經營、金融、商旅等各類服務；同時大力發展開放平臺，吸引傳統商戶進入，並將線上線下的數據、支

付、售后、物流等環節全部打通。

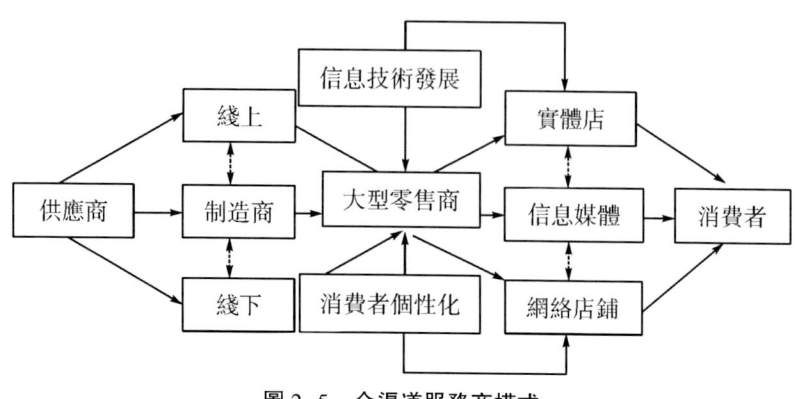

图 2-5　全渠道服務商模式

（三）全產業鏈服務商模式

全產業鏈強調以消費者引入為導向，從產業鏈源頭做起，通過強大的物流、金融和信息服務平臺，對原料、物流、營銷、品牌推廣等關鍵環節實現有效管控，形成覆蓋原料生產商、製造商、供應商、分銷商等多個環節以及滿足顧客生活服務的全產業鏈體系。在這種模式下，大型零售商逐漸成為全產業鏈服務商。當然，只有少數控制力較強的企業能做到全產業鏈服務運營商。在全產業鏈服務商模式下，大型零售商是生產者與消費者之間的「中心簽約人」，具有複合型服務功能，並體現了價值鏈創新（見圖2-6）。

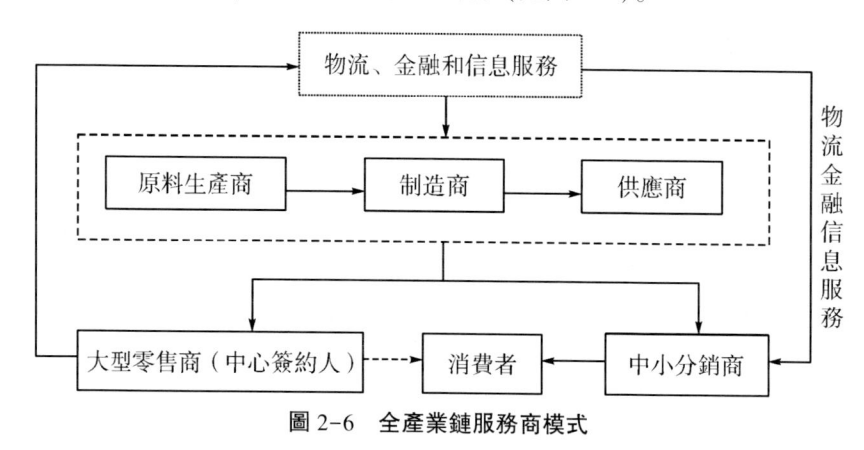

圖 2-6　全產業鏈服務商模式

首先，在消費者經濟和信息化時代，大型零售商憑藉其龐大的渠道與網絡系統擺脫了傳統交易中介角色，進而扮演起了組織生產、引導消費的產業鏈領導者。大型零售商對供應商、中小分銷商、製造商等提供全產業鏈組織服務，

包括從供應鏈入手介入供應商生產價值鏈的製造組織過程，同時以某些核心服務環節為抓手，成為生產者與消費者之間的「中心簽約人」角色。其次，大型零售商具有同時向供應商與消費者雙方提供一系列交易服務的複合型服務功能，並有效地促進供需雙方在其提供的平臺上實現交易，拓展供應商與消費者之間的交易集合。大型零售商在產業鏈中承擔起從商品或服務的研發及創意到製造、物流、營銷和消費整個價值鏈的整體優化功能。最後，全產業鏈服務模式體現了價值鏈創新。與供應鏈服務商模式相比，全產業鏈服務商涉及的價值鏈更長，產業鏈組織能力也更強；其商業模式也更為靈活，有更多的盈利點，如生產過程的服務收益、訂單收益，以及設計服務、組織運行、數據分析和金融服務收費等。

第三節　大型零售商主導下的產業鏈延伸與整合

一、產業鏈縱向約束與整合

中國工業化的快速發展推動了流通現代化，零售業以工業化（連鎖經營）的方式重組物流、信息流和資金流，通過規模化的供應鏈流程複製，以規模經濟帶來價格優勢，以價格優勢拉動消費形成更大的規模，從而降低成本，提高效率。20世紀90年代末，以蘇寧、百聯等為代表的一批大型商業企業蓬勃發展，拉開了中國零售業產業鏈縱向整合的序幕。在整合過程中，大型零售商是縱向整合的主導力量，它通過資本控制（或滲透）、技術控制以及契約約束等手段，推動供應鏈流程的標準化、流程化，實現規模化複製。產業鏈縱向整合途徑即主導企業延伸業務、控制產業鏈關鍵環節和主導環節的實現方式，並通過資本控制、技術控制以及契約約束等實現。它主要包括投資自建、兼併收購、聯合投資、戰略聯盟等方式（如圖2-7所示）。這些縱向整合方式各有利弊，企業在實踐中應結合自身內外部條件（如行業特徵、市場地位、市場競爭和金融法律環境等），選擇與發展戰略相適應的縱向整合方式。產業鏈的縱向整合的模式可以採取緊密型與松散型相結合的方式，緊密型整合主要針對戰略性環節、關鍵技術或重要資源等，松散型整合針對非戰略性環節。

（一）大型零售商綜合應用多種控制方式

根據價值鏈的差異，大型零售商可以分析自身在價值鏈中所處的戰略位置，通過所處位置的不同，綜合應用多種控制方式對價值鏈進行分拆，在採

图2-7 产业链纵向整合模式

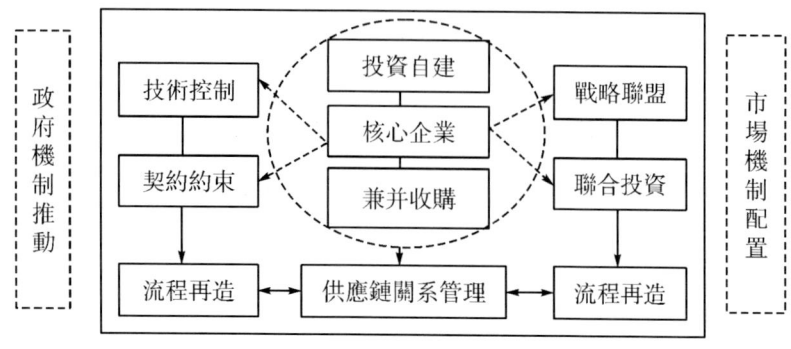

购、分销、物流、售后服务等环节上插入更多的迂回链条，促进产业链流程再造，进而实施对断裂后的价值链控制，发挥流通组织生产的作用。纵向约束和中间服务向外部转移，使得价值链上各个环节如零售商与供应商将自身的优势在各自专业化的环节上密集使用以提升专业化效率[1]。

（二）基於供應鏈流程再造的縱向約束路徑

大型零售商對產業鏈的縱向整合多從供應鏈流程再造開始，大型零售商的供應鏈流程再造主要從以下路徑實現：推動供應鏈產銷端的關聯、協調產銷之間的權責利關係、推動供應鏈流程透明化等。如圖2-8所示。

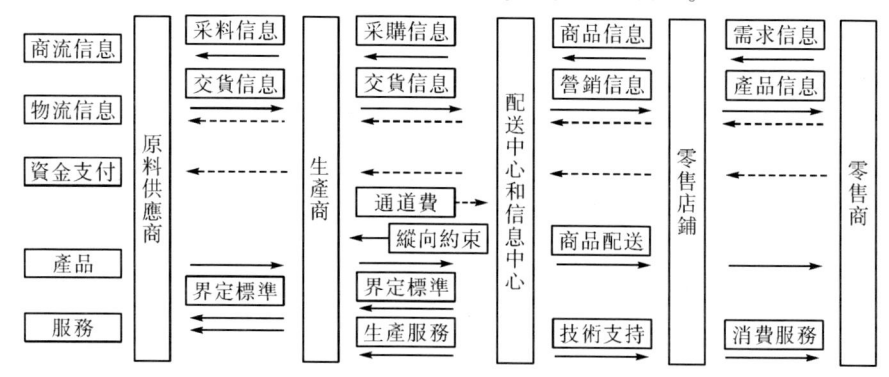

圖2-8 大型零售商縱向整合下的供應鏈流程再造

資料來源：徐從才、丁寧. 服務業與製造業互動發展的價值鏈創新及其績效——基於大型零售商縱向約束與供應鏈流程再造的分析 [J]. 管理世界，2008（8）：77-86.

---

[1] 徐從才，丁寧. 服務業與製造業互動發展的價值鏈創新及其績效——基於大型零售商縱向約束與供應鏈流程再造的分析 [J]. 管理世界，2008（8）：77-86.

大型零售商推動供應鏈產銷端的關聯。供應鏈下游的零售商通過縱向約束，引導供應鏈上游企業對產銷間流程再造的參與（如圖2-8所示），從而實現對業務流程的再造。大型零售商的縱向約束使價值鏈上下游企業產生互利共生的密切關係，使上游企業產生對下游零售商核心資源的依賴。縱向約束使大型零售商由於自身資源優勢而獲得的利益從企業內部延伸到了企業外部，建立緊密的外部產銷間聯繫，使供應鏈關注以消費者需求為導向，建立和優化企業的核心業務流程，並保持與下游零售商的業務流程高效連接，共同專注於價值鏈的利潤創造[1]。

大型零售商縱向協調產銷之間的權責利關係。供應鏈流程再造對象涵蓋生產、配送、採購、銷售各個環節，協調分工各個迂回鏈條必須明確產銷雙方在供應鏈流程運作中的職責，共同分擔產品市場的費用與風險。另外，供應鏈關係的協調向上下游的延伸，能夠鞏固主要產業的核心競爭力，如大型零售商建設或控制物流配送中心、優質原材料基地、改善供應商或經銷商合作模式等。

大型零售商推動供應鏈流程透明化。大型零售商對供應鏈的流程再造涉及大量商流、物流信息的整合與共享（如圖2-8所示），信息共享使上下游企業之間的業務流程更加直觀和透明[2]。業務流程透明化易產生供應商的短期機會主義行為。為消除其機會主義行為，大型零售商對供應商需要行使縱向約束。而供應商接受縱向約束，則是對大型零售商的承諾，有利於建立雙方之間相互信任的關係。

二、基於產業鏈的橫向整合

零售業產業鏈橫向整合的途徑主要是發展連鎖業態、購物中心、多業態整合和多元化投資等。

（一）發展連鎖業態，擴大市場勢力

零售業橫向擴張，多體現為跨區域橫向整合。其主導企業旨在提高市場控制力和領導力，實現規模效應。這種整合方式在早期的百貨、大型超市、專業店發展用得較多[3]，如家樂福、好又多、國美等。與發達國家相比，中國零售

---

[1] 徐從才，丁寧. 服務業與製造業互動發展的價值鏈創新及其績效——基於大型零售商縱向約束與供應鏈流程再造的分析［J］. 管理世界，2008（8）：77-86.

[2] 徐從才，丁寧. 服務業與製造業互動發展的價值鏈創新及其績效——基於大型零售商縱向約束與供應鏈流程再造的分析［J］. 管理世界，2008（8）：77-86.

[3] 吳彥艷. 產業鏈的構建整合及升級研究［D］. 天津：天津大學，2009.

業集中程度（市場最大的幾個企業所占市場份額的總和）偏低。以百貨業為例，目前日本、英國和美國百貨業的集中度均在60%左右，而中國則不到20%。零售業內的整合將持續發生，大型超市、百貨店和專業店已逐漸進入整合轉型期，經過產業鏈整合后，未來中國的大型超市、百貨店和專業店等業態將由幾家大型企業主導。然而，中國大型超市、專業店和百貨店的橫向整合與規模擴張受到了一系列制約。首先，快速發展的經濟逐步放緩，主要商品品類基本普及，積極擴張產能的很多商品供給相對過剩，由此也帶來了商品渠道與業態產能的相對過剩；其次，在中國個性化、時尚化消費的大潮下，同質化的百貨業、大型超市在橫向整合發展中將越來越受到區域割據的瓶頸制約。

在分工深化、信息技術和消費需求的作用下，大型零售商在業態選擇上廣泛採取連鎖經營方式，實現效益提升和市場擴大，進一步提升大型零售商市場勢力和盈利。通過連鎖經營的大力發展，連鎖類大型超市、百貨、專業店和便利店的數量和經營面積均快速增長。自2010年以來，經過四年的快速發展，連鎖大型超市的門店數和經營面積增幅分別高達50%、69%；連鎖百貨的門店數和經營面積增幅分別為10%、34%；連鎖專業店的門店數和經營面積增幅分別為29%、22%；連鎖便利店的門店數和經營面積增幅分別為18%、35%。見表2-1。

表2-1　　2010—2014年中國零售業連鎖業態的發展情況

年份		2010	2011	2012	2013	2014
大型超市	門店總數（個）	6,322	2,542	11,947	9,380	9,481
	零售營業面積（萬平方米）	1,843.70	1,760.62	2,744.86	3,106.52	3,109.2
百貨店	門店總數（個）	4,239	4,826	4,377	4,514	4,689
	零售營業面積（萬平方米）	1,480.60	1,722.30	1,696.73	1,860.91	1,984.8
專業店	門店總數（個）	84,678	95,680	89,227	104,054	108,809
	零售營業面積（萬平方米）	6,755.30	7,142.53	6,480.38	6,848.20	8,260.8
便利店	門店總數（個）	14,202	13,609	13,277	14,680	16,832
	零售營業面積（萬平方米）	107.20	109.67	111.17	131.35	144.8

資料來源：根據國家統計局網站數據整理。http：//data.stats.gov.cn/workspace/index；jsessionid=078DF246B4B82CC1C234EA20F971118A？m=hgnd。

2008—2013 年中國各零售業態銷售額增長率見表 2-2。2010 年和 2011 年全部連鎖零售業的銷售額有較大增長，達到了這幾年的最高峰，但各種業態的增長參差不齊。2013 年，大型超市銷售額增長率大幅度下滑，專業店和百貨店在 2012 年的大幅回落后反彈提升；大型超市的門店數量比 2012 年大幅下降 21.5%，與 2008 年相比，6 年來的增長幅度僅為 17%。

表 2-2　　　　2008—2013 年中國零售業態銷售增長率　　　　單位：%

年份	2008	2009	2010	2011	2012	2013
全部連鎖零售業	15.28	8.67	25.16	26.02	2.8	7.2
大型超市	19.34	9.4	19.48	-11.13	62.72	12.15
百貨店	19.57	28.56	6.93	20.78	1	13.9
專業店	21.86	8.59	28.86	32.99	-14.36	14.59
便利店	19.49	-2.3	-8.55	-8.4	16.79	17.96

資料來源：根據國家統計局網站數據整理分析。http://data.stats.gov.cn/workspace/index;jsessionid=078DF246B4B82CC1C234EA20F971118A? m=hgnd.

（二）發展購物中心，促進業態經營整合

隨著經濟的發展，消費者的需求越來越趨於個性化、多元化，不再滿足於過去那種溫飽型消費，不斷追求情感型、體驗型和休閒型消費，消費者的需求變化趨勢給零售業整合與升級指明了方向。為滿足消費生活方式的變化，零售業與其他商業業態進行了融合創新，這種創新的成果就是購物中心的發展。購物中心將會更加突出休閒娛樂的主題，將多種業態集中在一個適合的休閒娛樂空間中，打破了各種商業業態之間的界限，形成了商品互補、行業互補、消費互補的格局[1]。例如，百聯集團在業態整合中推行「百購合一」。「百購合一」首先在東方商廈試點，以東方商廈為主的主題百貨與購物中心合體聯動、一體化管理，即採取「一套班子，兩塊牌子」的發展模式。隨後的發展中，「百購合一」模式在上海、長沙多地成功推廣。

截至 2015 年，世邦魏理仕研究部所監測的 17 個大中城市已落成零售物業，總存量達 6,120 萬平方米。目前，全國在建項目共 323 個，總建築面積近 3,200 萬平方米。根據世邦魏理仕 2016 年 4 月發布的《全球購物中心開發最活躍城市》，全球前十購物中心在建量最大的城市中有九個在中國（如圖 2-9 所示）。

---

[1] 許縵. 產業融合下零售組織的演化與創新 [D]. 南京：南京財經大學，2008.

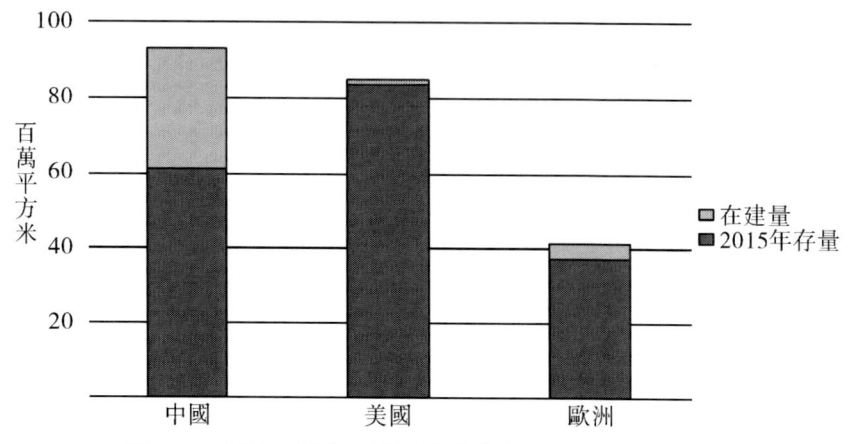

圖 2-9　中國、美國、歐洲零售物業存量及在建面積對比①

資料來源：世邦魏理仕研究部，2016 年第二季度。

(三) 多業態整合與多元化發展

1. 多業態整合

面對消費結構升級、消費層次分化以及移動網絡銷售的興起，零售企業嘗試多業態經營以打造立體零售格局，最大限度地發揮經營優勢的附加值。例如：步步高採取「超市+百貨+電器」的多業態經營模式，對主營業務進行優化整合；天虹百貨在傳統百貨基礎上，新添購物中心和便利店，並從單一的線下實體走向線上線下融合的全渠道多業態模式；麥德龍和家樂福也在中國引入了便利店業務。事實上，就 2014 年樣本企業數據來看，60% 的企業已整合為多業態經營，涉足超市、百貨、購物中心、便利店、電子商務等多種業態。

2. 網絡零售與自有品牌發展

零售企業的網絡零售業逐步發展，但整體水平較低。據不完全統計，2014 年，37% 的超市企業開展了網絡零售業務，平均年銷售額佔總銷售額比例不足 1%，整體水平仍然較低；62% 的便利店企業開展了網絡零售業務，平均年銷售額佔總銷售額僅為 0.51%；百貨企業年平均網絡銷售額僅佔總銷售額的 0.2%；50% 的專業店企業開展了網上零售業務，平均年銷售額佔總銷售額的 7.8%，佔比在零售行業中最高。

據不完全統計，42% 的超市企業經營自有品牌，自有品牌的銷售額佔總銷

---

① 統計範圍包括 17 個中國大中城市，16 個美國大中城市以及 83 個歐洲主要城市，項目包括建築面積為 2 萬平方米以上的零售物業。

售額的6.4%。在便利店樣本企業中，自有品牌的銷售額占總銷售額的13%，高於專業店之外的其他業態，品牌差異成了便利店之間競爭的重要手段。78%的百貨企業經營自有品牌，自有品牌的銷售額占總銷售額的2.1%。專業店平均自有品牌銷售額比率為50.5%，占比最高，與專業店本身產品構成有關①。

3. 多元化發展

大型零售巨頭在鞏固零售業務的同時，也在積極嘗試多元化發展，並通過對消費者的多角度覆蓋來提高消費者滲透率。這種跨界也使得競爭從零售競爭擴展到了多場景消費者資源的搶占，金融、娛樂、本地服務、社交、物流等都成為消費者的入口，多元化競爭的格局正逐漸顯現。

第四節　推動零售業產業鏈與電商產業鏈耦合與升級

一、零售業產業鏈與電商產業鏈耦合內涵

耦合概念應用在產業關係中，可定義為：產業之間存在相互依賴、相互協調、相互促進的動態正向關聯關係。隨著信息技術與知識經濟社會的發展，傳統零售業與電商產業耦合成為大勢所趨。傳統零售業與電商產業的耦合（以下簡稱產業耦合）反映了它們之間的競爭、合作與共生關係。產業耦合是一種較為先進的產業發展模式，具有內生性、開放性與網絡性特徵。內生性是指系統的分工與協作是基於價值增值推動而自我形成的；開放性指產業耦合是一個自主開放的過程，不是封閉的，耦合產業仍然保持相對的獨立性，具有模塊化特徵；網絡性是指兩大產業在垂直鏈條上完成功能整合延伸、在水平關係上實現了橫向合作，形成相互交叉、多層次的開放式的網絡系統鏈條關係②。

電子商務產業（以下簡稱電商產業）是以互聯網應用為基礎，以網絡系統服務商和平臺服務商（如B2B、B2C、C2C等）為主體，融合物聯網、雲計算、電子金融、現代物流、信用體系等新興技術，為國民經濟發展提供綜合性商務服務的產業集合體。電商產業具有市場全球化、交易連續化、成本低廉化、資源集約化等優勢。在2012年發布的《「十二五」國家戰略性新興產業

---

① 中商智策2015各零售業態發展分析［EB/OL］.［2016-03-14］. http：//www. wtoutiao. com/p/19bxWjn. html.

② 李世才. 戰略性新興產業與傳統產業耦合發展的理論及模型研究［D］. 長沙：中南大學，2010.

發展規劃》中，電子商務產業被確定為國家戰略性新興產業的重要組成部分。伴隨信息技術和互聯網應用的不斷進步升級，電子商務產業蓬勃發展，對以實體零售為主體的傳統零售業衝擊較大，並呈現滲透和融合發展的趨勢。推動傳統零售業與電商產業耦合已是大勢所趨。

二、電商產業鏈與傳統零售業產業鏈耦合的戰略意義

傳統零售商在零售業領域通過一系列的縱向、橫向整合，初步構建了產業鏈整合與發展的核心能力。隨著縱向、橫向整合的初步完成，在零售業領域，將形成兩大產業鏈整合勢力：傳統零售商與電商。由於區域割據造成的傳統零售商整合僵局可能被電商打破。隨著電商整合的不斷完善，國內將形成幾家大電商主導的格局，電商的市場範圍覆蓋廣泛，有利於突破各地封鎖。在下一步的發展中，電商產業與傳統零售產業的耦合在零售業發展中起著至關重要的作用。

（一）產業耦合是中國零售業發展的重點

在中國現階段，電商與傳統零售商在零售業的跑馬圈地式整合基本完成，產業鏈發展趨勢已初步形成。下一步，電商產業與傳統零售產業將在零售與其他生活消費領域展開激烈的競爭，並進入相對僵持與膠著狀態。天貓、京東、凡客等電商平臺經過高投入、高增長後，亟須解決發展中遇到的困惑和瓶頸，例如：電商份額持續做大，消費者更加挑剔，與供應商的和諧程度或定價權遭受挑戰，稅收等規範化壓力收緊，移動互聯網將重塑格局；而傳統零售通過商務電子化、提升和優化組織模式等方式提高渠道效率。但由於雙方功能各有優劣，且又相互補充、取長補短，因此彼此的關係是競爭、合作與共生。電商產業與傳統零售產業在零售業發展中起著至關重要的作用，它們的整合是進一步提升零售業產業鏈效率與產業升級的重點。

（二）有利於提升零售業產業鏈效率

傳統零售業產業鏈效率低，實體渠道供大於求；電商則縮短流通環節，渠道效率高。電商產業不能完全替代傳統零售產業，而是為傳統零售產業注入新的活力，提高其成長性和競爭力。電商產業通過技術、人才等產業要素實現創新，延長了傳統零售產業的生產周期，從而實現產業延伸。在整合系統演化過程中，政府通過優化電商產業的發展環境，推動技術、人才等優勢產業要素組合，促進傳統零售產業結構的優化和升級。電商產業與傳統零售產業整合系統通過合理、充分地整合和集成既有資源，在不突破現有資源容量下，集約利用系統資源，使整體功效遠超過各子系統功能的線性疊加，最終實現電商產業與

傳統零售產業的動態整合及可持續發展。

電商產業與傳統零售產業兩個子系統的整合不是封閉的，而是一個自主開放的過程，具有內生性、自組織性、網絡性的特點。內生性指產業鏈系統的分工與協作是基於價值增值推動而自我形成的；自組織性源於市場本身機制的作用；網絡性是指兩大產業鏈垂直鏈條上完成功能整合延伸、在水平關係上實現了橫向合作，形成相互交叉、多層次的開放式的網絡系統鏈條關係。

（三）促進了零售業產業鏈的功能互補

傳統零售商的零供矛盾突出，供應商無奈地接受進場費等各種攤派或促銷活動。電商則可利用其信息技術優勢，通過大數據分析提升供應商能力，通過信息共享，創造新的價值鏈效應。電商具有傳統零售商所不具備的一些優勢，但是其局限性也非常明顯，如消費體驗、后期服務、物流站點等方面。傳統零售商的店鋪多，一般位置較好，有一定的歷史積澱、顧客信任度高，有良好的品牌和聲譽，特別適合提供顧客體驗、售后服務、商品展示等條件，可以更好地為顧客服務。若傳統商業與電商融合，相互銜接的各環節業務實現電子化和網絡化，則可推動商業社會整體進入電子化商務時代和移動互聯網時代。

（四）提高零售業產業鏈整體競爭力

由於產業鏈的研究承載著行業與行業之間的關係研究以及企業與企業之間的內涵研究，因此電商與傳統零售兩大產業鏈之間的整合與協調直接關係到如何整合和發展中國整個零售行業。電商和傳統零售各自的產業鏈子系統實質上不是完全獨立存在的，而是複雜密切相關的有機體。從國際發展經驗看，傳統零售商與網絡零售商已形成一種互為依存的生態關係，雖然中國網絡零售商的市場份額迅速上升，但無論是傳統的實體零售商還是網絡零售商，都將在中國長期共存下去，一方不會被另一方取代。從產業競爭力視角出發，電商產業與傳統零售產業之間，全面發揮后者對前者的支撐效用、前者對後者的帶領和推動作用。電商產業與傳統零售業之間的和諧發展對提高中國零售業產業鏈競爭力水平尤為重要。

三、產業鏈耦合的演進過程

（一）知識整合與產業耦合

知識整合是對知識的綜合、集成與系統化地再建構，目的是使知識轉化為組織創新能力和競爭優勢的基礎，知識整合過程本身也是一種創新的過程。知識整合是一種戰略方法，通過動態集結內外部知識，在互補和共同進步的框架下形成各自的發展戰略目標，然后根據戰略目標設置具體的業務發展目標和思

路,最后圍繞業務目標提出知識需求並制定相應的知識整合目標。因此,知識整合包含了三層含義:知識管理活動的協同、業務活動的協同、戰略層面的利益協同。Polanyi M (1966) 把知識分為顯性知識與隱性知識。顯性知識是指能夠用正規、系統的語言明確表達和傳遞的知識,其存在於合同、備忘錄、數據庫或產品中,如商品組合、計算機程序、操作規程編碼傳播等;而隱性知識是一種沒有用系統的、編碼的語言表達出來的知識,這種知識蘊藏於組織慣例之中①,如營銷知識與技能、制度規則、有關顧客購物與消費、商譽、營銷渠道等方面的知識。

　　從知識整合視角看,產業耦合的實質就是知識整合。具體分析如下:①知識整合是產業耦合的前提和基礎。產業系統中的各產業通過物質、能量和信息的相互流動來進行彼此之間的相互作用,形成一個價值增值的過程,產業之間形成較好的知識整合效應能提高整個產業系統的穩定性和效率。如果沒有完善的信息交互、協同機制,產業系統上的節點還是彼此獨立的信息孤島,不能成為完整的產業耦合系統,各節點上的企業無法協同運作,追求和分享分工產生的利益。②知識整合與協同分工可促進產業耦合減少交易成本或者組織成本,提高創造顧客價值的能力,以取得競爭優勢。因此,產業耦合的過程就是選擇交易效率較高的組織模式,實現知識共享與協同的過程②。③知識整合促進產業耦合產生協同效果。產業耦合在本質上是以知識整合為基礎的功能網鏈,通過知識整合把知識的外部性內部化,獲得遞增報酬,產生協同效果,其協同效果包括規模經濟效應、範圍經濟效應與學習經濟效應。

(二) 知識整合推動產業耦合的演進過程

日本學者野中鬱次郎 (1990) 提出的 SECI 模型描述了企業內部知識轉化與創造的一般過程,即社會化、外在化、組合化、內在化③。這四個階段具有層層遞進的特徵,體現了知識整合推動產業耦合的演進過程。具體分析如下:

1. 社會化過程

產業耦合的萌芽階段。傳統零售業與電商產業耦合系統內的個體通過知識傳遞、系統成員之間深入對話和瞭解,分享彼此之間的知識與經驗,形成一定

---

① 芮明杰,劉明宇,任江波.論產業鏈的整合 [M].上海:復旦大學出版社,2006:19-48.劉明宇,翁瑾.產業鏈的分工結構及其知識整合路徑 [J].科學學與科學技術管理,2007 (7):92-96.

② 芮明杰,劉明宇,任江波.論產業鏈的整合 [M].上海:復旦大學出版社,2006:19-48.

③ 芮明杰,劉明宇,任江波.論產業鏈的整合 [M].上海:復旦大學出版社,2006:19-48.

的「共同語言」。通過解決共同的問題，實現模糊知識的共享。產業組織內的個體通過共享經歷、交流經驗、討論想法及見解等社會化的手段來完成隱性知識間的交流，但知識系統還處於一個無序的狀態，條理性較差。

2. 外在化過程

產業耦合的初步發展階段。在外在化階段，通過組織之間的直接交流，隱藏知識逐漸明晰，問題得到明確的界定，經整理被轉化為顯性知識。在這個過程中，存在新舊知識衝突現象，需按一定的邏輯重新整理和歸類，然後將這些條理化的新知識傳遞給知識融合系統。

3. 組合化過程

產業耦合的發展階段。在知識組合階段，系統內的個體對顯性知識進行重新組織，並將其整理為新的知識和概念，以便系統成員接受，這是一個顯性知識的系統化過程。在外在化過程中，耦合系統內的顯性知識總量增加，但知識的條理性不夠清晰，仍然處於無序狀態，通過知識組合，系統中的知識從無序走向了有序。

4. 內在化過程

產業耦合的成熟階段。新的零售知識在各零售業中得到進一步的實踐檢驗，系統內通過整合所產生的新的顯性知識不斷被內部成員吸收、消化並升華為隱性知識，使自己原有的隱性知識系統得到拓寬、延伸和重構，完成知識在企業間的擴散，並推動融合型零售組織的進一步發展。

結合知識整合過程分析，筆者對傳統零售業與電商產業耦合系統的動態演進路徑總結如下：首先，在社會化階段，系統內的個體通過顯性知識的學習，推動了業務平臺耦合。其次，由於不同知識系統持續發生共享、學習與轉移，促使隱性知識顯性化，推動產業要素耦合；然而，在這個階段，各環節的價值鏈是相互獨立的，彼此之間的價值聯結是鬆散的，甚至沒有聯系。再次，通過O2O、全渠道等方式，傳統零售業與電商產業之間實現知識共享與知識組合，並把不同產業鏈整合到一個價值鏈系統。最后，知識的流動從無序走向有序，系統內的知識在整合與協同過程中也會不斷積累，當積累水平突破某一閾值時，就可能產生創新成果，實現知識協同，最終推動產業融合。基於上述分析思路，筆者構建了傳統零售業與電商產業耦合演進過程與路徑圖。如圖2-10所示。

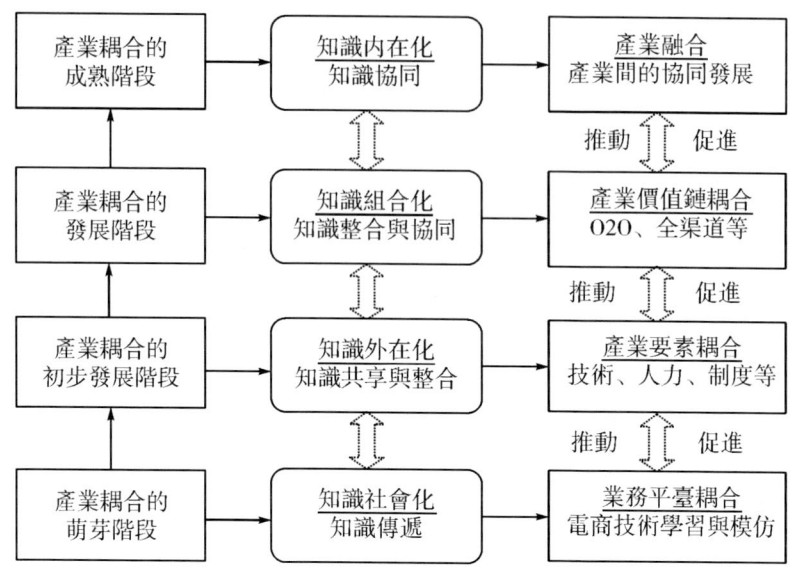

```
┌─────────┐    ┌─────────┐    ┌─────────┐
│產業耦合的│───▶│知識內在化│───▶│產業融合  │
│成熟階段  │    │知識協同  │    │產業間的協同發展│
└─────────┘    └─────────┘    └─────────┘
     ▲              ⇕         推動 ⇕ 促進
┌─────────┐    ┌─────────┐    ┌─────────┐
│產業耦合的│───▶│知識組合化│───▶│產業價值鏈耦合│
│發展階段  │    │知識整合與協同│ │O2O、全渠道等│
└─────────┘    └─────────┘    └─────────┘
     ▲              ⇕         推動 ⇕ 促進
┌─────────┐    ┌─────────┐    ┌─────────┐
│產業耦合的│───▶│知識外在化│───▶│產業要素耦合│
│初步發展階段│  │知識共享與整合│ │技術、人力、制度等│
└─────────┘    └─────────┘    └─────────┘
     ▲              ⇕         推動 ⇕ 促進
┌─────────┐    ┌─────────┐    ┌─────────┐
│產業耦合的│───▶│知識社會化│───▶│業務平臺耦合│
│萌芽階段  │    │知識傳遞  │    │電商技術學習與模仿│
└─────────┘    └─────────┘    └─────────┘
```

圖 2-10　基於知識整合的傳統零售產業與電商產業耦合演進過程

四、基於知識整合的產業鏈耦合演進策略

（一）知識社會化階段：業務平臺模式

最近幾年，傳統零售業受電子商務零售冲擊較大。傳統零售業開始學習電子商務零售知識，構建電子商務業務平臺。絕大多數傳統零售業通過自建平臺或入駐第三方平臺來開展電子商務零售業務，通過在上述平臺的學習，促進傳統零售業與電商業務平臺耦合。

在這個階段，傳統零售商的電子商務平臺以顯性知識模仿為主，缺少隱性知識的積累與創新。傳統零售商引入電商技術，引進電商營銷手段和技巧，大多是為了吸引顧客而進行的銷售硬件改善，致使傳統零售業線上競爭同質化。電商可能還只是傳統零售商引進的一項新產品或新技術，沒有形成系統的產品優勢或技術優勢。同時，企業片面強調「技術」作用，忽視人力、制度等隱性知識的引進，造成千店一面的發展模式。因為人不僅是隱性零售知識的載體，而且是整個零售知識傳遞與創新的內生力量；制度知識則是內部治理、企業文化建設與商譽培育的保障。

（二）知識外在化階段：要素耦合模式

知識外在化階段的知識共享與整合體現為要素耦合。在這一階段，電商對

傳統零售業的基礎支撐開始產生作用，為傳統零售商發展提供生產要素（如技術、人力、制度以及資本等）支撐，並逐漸在技術要素、人力資源要素、制度要素及資本要素方面與傳統零售業形成耦合，實現雙方的技術擴散、人才培育和文化融合、制度調整與改進，如圖 2-11 所示。具體分析如下：

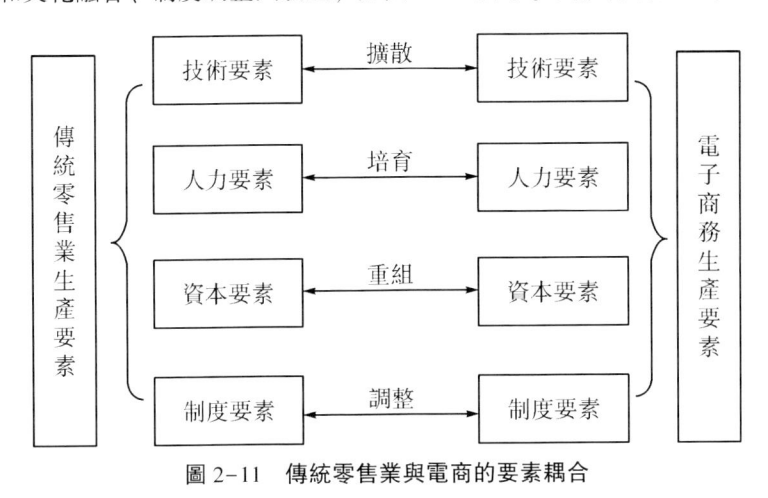

圖 2-11　傳統零售業與電商的要素耦合

1. 技術耦合

傳統零售商將學習到的電子商務零售技術知識顯性化，並將這些知識不斷向各業務環節（門店、訂單、導購、庫存促銷等）滲透，逐漸實現商務電子化和網絡化。從製造商的原料供應一直到最終顧客的消費，把信息技術集成起來並進行整體優化，這樣可以提高實體經濟的整體效率。

鏈接：零售企業積極擁抱互聯網

以百強為代表的零售企業積極擁抱互聯網，回歸零售根本，在門店優化、商品採購、供應鏈管理等方面積極探索，服務質量和競爭能力得到一定程度的提高。百強企業綜合毛利率同比提高了 0.5 個百分點，達到 18.6%。2015 年，百強企業網絡銷售額達到 710 億元，比 2014 年增長 85%。在開展網絡零售的 83 家百強企業中，近 80% 的企業擁有自建平臺，超過 70% 的企業採用兩種及以上的線上渠道開展網絡零售，有 20 家企業開發了自己的 APP。在提供數據的百強企業中，移動端銷售占企業網絡銷售額 30% 以上的企業達到 58%，介於 10%～30% 的企業占 11%，低於 10% 的企業占 31%。2015 年，企業研發投入比上一年增長 11%，平均達到 616 萬元。百強企業加快對傳統實體門店的升級改造，引入多種移動支付方式，比如微信、支付寶、Apple Pay 等。在 55 家引

入移動支付的企業中，22%的企業引入一種支付方式，78%的企業引入兩種及以上的移動支付方式。29%的企業移動支付佔總支付額的比例超過10%，其他71%的企業移動支付比例低於10%。

資料來源：中國連鎖經營協會（CCFA）. 2015 年度行業發展狀況調查［EB/OL］.［2016-05-03］. http：//www.ccfa.org.cn/portal/cn/view.jsp？lt=1&id=425155.

2. 資本耦合

傳統零售商與電商企業進行資產重組，推動其資本耦合，為傳統零售商的電商化轉型提供資本要素支撐。例如，在沃爾瑪與 1 號店的合作中，沃爾瑪借助 1 號店原有的資源和平臺使其能夠較快過渡到線上環節，從而實現多渠道經營零售業的銷售目標，擴大其覆蓋面，提升銷售額。國美通過股權收購控制了庫巴網，並將庫巴網發展為國內領先的家電產品網購服務提供商。

3. 制度耦合

制度知識是隱性知識，這種知識可減少知識整合過程中的不確定性。例如，在組織制度革新方面，傳統零售商必須考慮的問題：充分考慮電商部門和其他部門的兼容性；如何保證供應商關係的持續穩定發展；如何協調線上線下的促銷活動，如何協調兩種渠道的退換貨制度，如何處理實體零售和網絡零售業務員工隊伍管理中遇到的矛盾，如工資制度是否統一、績效考評標準是否一致等[1]。例如，傳統零售商開展電子商務業務，必須在人才引進、人才待遇、留住人才等方面有系統的制度設計[2]，以及在品牌、商譽等方面的共同培育與知識共享。

4. 人力資源耦合

人是知識傳遞與學習的主體，技術對於組織之間知識共享的作用是有限的，組織中人的因素才是隱性知識共享的決定性要素。因此，傳統零售電商化轉型過程中，需要既能運作電商又能經營傳統零售的複合型人才，而多數傳統企業都認為缺乏相應的技術和管理人才是限制其發展電商零售的主要因素。另外，在人力資源的整合中，還要充分重視電商文化的融合與培育。

---

[1] 劉文綱，郭立海. 傳統零售商實體零售和網絡零售業務協同發展模式研究［J］. 北京工商大學學報（社會科學版），2013（4）：38-43.

[2] 中國連鎖經營協會. 傳統零售商開展網絡零售研究報告（2014）［EB/OL］.［2014-10-30］. http：//www.ccfa.org.cn/portal/cn/view.jsp？lt=33&id=417005.

(三) 知識組合階段：系統化的商業模式

傳統零售商通過組合化將電商隱性知識大量轉化為顯性零售知識，推動傳統零售商的管理創新和技術創新，形成新的設計規則，將隱性知識轉變為更加具有實用價值的且更系統化的零售制度知識、零售組織知識、零售市場知識等。傳統零售商基於電商化的制度知識、組織知識、市場知識整合，構建系統化的商業模式，促進產業價值鏈耦合。這個商業模式具有如下特徵：①為消費者創造了更多、更方便、價值更高的產品；②帶動消費者最大限度地參與到價值網中，並成為價值網中的重要組成部分；③零售實體店的功能將發生重大的調整，其長期趨勢是實現線上交易、線下服務。目前，傳統零售商可通過O2O與全渠道構建系統化的商業模式，促進知識組合。

1. O2O

O2O（Online To Offine）是指將線下的商務機會與互聯網結合，讓互聯網成為線下交易的前臺。在知識鏈的技術要素耦合中，傳統零售業實現了商務電子化，但沒能將技術學習轉化為顯性知識，形成業務鏈。傳統零售商通過O2O，最終形成一個完整的商業閉環，實現信息流、商品流、現金流的知識共享。首先，打通了信息入口的營銷活動、品牌、價格體系、會員體系等，共享消費者信息知識；其次是商品流的共享，商品電子化/商品信息呈現（商品條碼）、庫存物流打通（包括產品配送、物流倉儲中心建設等）和二維碼布點電商零售的配送體系成為實體店的配送體系，實體店也可以成為電商零售的服務站；最後是支付環節的打通，實現現金知識管理的共享①。

鏈接：2014年八大零售巨頭的O2O轉型②

蘇寧：以O2O打造全新零售業態

蘇寧雲商早在2013年就開始了O2O轉型，2013年6月實行線上與線下同價；2013年「雙十一」期間蘇寧推出首屆O2O購物節，並且在同年開放蘇寧易購平臺。2014年，蘇寧推出蘇寧首個O2O體驗店——蘇寧嗨店；蘇寧嗨店旨在打通線上與線下交易、游戲互動、服務休息三大核心體驗。蘇寧O2O關注的重點不僅僅只是體驗，在大數據上，嗨店還要擔負起打通蘇寧廣場、蘇寧易購、蘇寧電器、紅孩子、PPTV等各平臺的會員體系的重要任務。蘇寧轉型

---

① 曾敏、劉軍、楊夏. 傳統零售、電商、移動互聯三種O2O模式對比 [EB/OL].[2014-04-23]. http：//www. linkshop. com. cn/web/archives/2014/287498. shtml.
② 張樂. 盤點2014八大零售巨頭的O2O轉型案例 [EB/OL].[2014-12-01]. http：//www. redsh. com/research/20141201/083828. shtml.

的道路從未停止過,從 2014 年 10 月以不低於 40 億轉讓旗下的 11 家門店到第二屆 O2O 購物節蘇寧雲商運營總部副總裁李斌被委任為蘇寧易購第一任首席驚喜官(CSO),再到蘇寧雲商董事長張近東最近提到 O2O 讓蘇寧摘掉傳統零售的帽子,可見蘇寧對 O2O 的重視程度。億歐網瞭解到,2014 年對蘇寧至關重要,蘇寧的重要佈局實際在 2013 年就已完成,如投資視頻網站 PPTV、收購團購網站滿座網等,張近東把 2014 年定為蘇寧的戰略執行年。2014 年年初已將線上電子商務經營總部與線下連鎖平臺經營總部合併成為大運營總部,統一了蘇寧平臺面向消費者服務的各項職能。

國美:O2M 戰略為核心的零售巨頭

國美在 2012 年收購庫巴網,並在同年將國美在線與庫巴網整合統一為國美在線;2013 年,沉默多時的國美集團高級副總裁、國美在線董事長牟貴先發布的業內首個《電商悼詞》,重新獲得外界關注;2014 年 3 月,國美對外披露了未來的戰略發展方向,即「線下實體店+線上電商+移動終端」的組合式運營模式,又稱 O2M。該模式的核心在於進一步掌握和擁有開放式的供應鏈平臺,並全面實施渠道開放。國美圍繞 O2M 戰略開展了一系列佈局:在線下與超市、百貨、地方連鎖等業態進行合作,如物美、浙江聯華、廣州摩登百貨等。

在線上,國美在線除了自營業務和平臺業務之外,還將與社會化電商平臺展開廣泛合作,如天貓旗艦店,加強線上、線下的緊密融合。2014 年 9 月,國美在線召開戰略發布會,正式宣布國美在線開放第三方平臺,並且發力物流端,提出一日三達的配送標準。國美 2014 年的轉型收獲頗豐,資料顯示,11 月 17 日,國美控股發布公告稱,前三季度國美電器上市公司營收為 446.45 億元,同比增長 7.17%;淨利潤為 10.18 億元,同比增長 74.91%。

萬達:「騰百萬」共贏的 O2O

萬達在 2014 年 8 月 29 日與百度以及騰訊簽署戰略合作,萬達將聯手百度、騰訊成立一家電子商務公司——萬達電商;萬達電商計劃一期投資 50 億元,萬達集團持有 70%的股權,百度、騰訊各持 15%的股權。在萬達電商規劃上,王健林表示所有網上資源全部給電商公司,並要求電商公司盡快推出一種更便捷有效的一卡通,來實現萬達電商的 O2O 業務。億歐網瞭解到,王健林提出,萬達要在一兩年內,讓萬達成為 O2O 的最佳模式。此外,10 月 31 日,萬達集團迎來第 100 座萬達廣場——昆明西山萬達廣場的開業。萬達除了影業與商業地產之外,近年來,旅遊業也是其關注的重點,2013—2014 年,萬達旅業共收購了十二家傳統旅行社。

銀泰：與阿里共建大數據O2O

2014年3月，阿里集團將以53.7億元港幣對銀泰商業進行戰略投資，雙方將打通線上、線下的商業基礎體系，並將組建合資公司。交易完成後，阿里集團將持有銀泰商業9.9%的股份及價值約37.1億元港幣的可轉換債券。雙方將實現線上線下的商品交易、會員營銷以及會員服務的無縫銜接；除此之外，這套基礎體系將對全社會開放，為所有的線下各大商業集團、零售品牌及零售商服務。從億歐網瞭解到，阿里巴巴集團COO張勇表示，大數據以及雲計算都需在實體企業裡進行；銀泰商業集團CEO陳曉東表示，新銀泰應該是在所有實體門店的基礎上，結合互聯網，提供大數據分析的新商業形態。今年「雙十一」期間，銀泰門店、銀泰網和淘寶聚劃算平臺將進行O2O聯動，聚劃算開闢銀泰專區，銀泰門店展示聚劃算銀泰專區，無線端也將同步展示，線下線上互動體驗，形成購物閉環。

大潤發：超市巨頭的O2O夢想

2014年10月，大潤發中國區董事長兼飛牛網首席執行董事黃明端表示，大潤發將升級現有平臺「飛牛網」，首次嘗試將線上與線下融合。「飛牛網」是大潤發投資的B2C電子商務網站，由飛牛集達電子商務有限公司創建並成立於2013年6月，是以自營為主的全品類綜合零售購物網站。2014年1月16日正式對外營業，目前配送區域為上海、江蘇、浙江、安徽。此次大潤發O2O平臺「飛牛網」將展開四項O2O規劃，分別是生鮮O2O、門店發貨O2O、門店電子屏O2O以及目前最備受關注的千鄉萬館O2O。據悉，大潤發中國區董事長兼飛牛網首席執行董事黃明端在近期的演講中談到實體零售要善用互聯網技術，O2O就是利用互聯網技術，把線上和線下的資訊流、商品流、資金流和物流串接在一起完成交易活動。

步步高：欲打造本地生活服務平臺

2014年10月，步步高集團召開「雲猴網」大平臺發布會，整個平臺由企業內封閉式的平臺變成了一個全開放、免費的平臺。「雲猴網」還將把整個大平臺分解為5個相對獨立的子平臺，分別是交易平臺和服務類平臺，即大電商平臺、大物流平臺、大便利平臺、大會員的平臺、大支付的平臺。步步高實際早在2013年就已經發布了步步高電商平臺，並且力邀來自阿里巴巴的李錫春擔任電商公司的掌門人，時隔一年，步步高再次升級平臺，可見轉型之快。2014年中國O2O新商業峰會上，步步高集團電商CEO李錫春作為演講嘉賓受邀出席。億歐網瞭解到，步步高集團董事長王填表示，「雲猴」是個大會員平臺，將會是全國首個本地生活的綜合服務平臺；團購網站所涉及業務，步步高

也會涉及，雲猴網上線後，有1,000家聯盟商戶同步上線；並與步步高會員積分打通，未來規劃取得支付牌照，將打通支付平臺。

大商：以O2O構建多重零售業態

2014年4月，大商集團成立天狗電子商務公司；2014年11月，天狗網正式上線，天狗網提供的商品和服務將以實體店鋪為根基，體現本地化消費特色。大商體系O2O，規劃將天狗網與線下超市、百貨等進行交互，大商線下的導購人員將可以對物品拍照，並將其上傳到天狗商城；另外，激活第三方商家的ERP系統，並接入天狗O2O的數據平臺。據天狗網高層透露，天狗網將建立一體化的系統，把原來的系統全部替換掉，模仿京東供應鏈管理后臺系統，跟品牌商庫存對接、倉庫對接。天狗未來還規劃有集合店的形式，類似宜家模式。

三胞：強勢併購助力轉型O2O

2014年1月，三胞集團通過商圈網以約3,900萬美元的現金收購麥考林63.7%的股權。商圈網方面亦表示，公司收購麥考林，是基於人才、渠道、資源等多方面的綜合因素考慮的。未來計劃借助麥考林的資源，同時結合自身業務、公司規劃，繼續深耕O2O方面的業務。同年3月，三胞集團的下屬全資子公司廣州金鵬，又以「閃電」速度收購以色列最大的養老服務公司娜塔麗（Natali），收購金額近1億美元；4月，三胞集團完成對英國老牌百貨集團福來莎（House of Fraser）的收購；7月，三胞集團全資收購樂語通訊，預計年底交易完成后，樂語通訊將更名為「宏圖樂語」；10月，三胞集團簽約收購拉手網，欲將拉手網的線上資源與三胞集團豐富的線下實體資源結合起來，在持續發展團購業務的基礎上，打造O2O電商平臺。

2. 全渠道模式

全渠道是指傳統零售商通過各種渠道與顧客互動，包括網站、實體店、服務終端、呼叫中心、社交媒體、上門服務等，把各種不同的渠道整合成一體化的無縫式體驗。全渠道模式把傳統零售商供應鏈兩端（供應商與消費者）較好地融合在一起。從消費者接觸的實體商店、網上商店、智能手機，到電子閱讀器、交互電視等一切平臺都可以成為消費終端；任何便捷、安全的支付手段都可以保障交易的順利完成。因此，全渠道模式包括了渠道間產品知識、顧客知識、供應商知識和市場知識的整合，見圖2-12。具體分析如下：①產品知識整合。產品知識整合包括四個方面的知識協同，即實體渠道與電商渠道的價格協同、商品協同、促銷協同、售後服務協同。價格協同解決了線上、線下的利益冲突問題，並針對不同渠道策略性地制定價格；商品協同使不同渠道都能

充分滿足顧客需求，能最大限度地利用零售商的線上、線下空間資源；促銷協同是線上線下互補，並針對不同渠道策略性地提高客戶價值；售後服務協同是客戶關係管理的重要的組成部分，利用線上、線下的協調管理，可進一步提升顧客的滿意度和忠誠度①。②顧客知識整合。基於知識整合理論視角，顧客知識是企業創新的源泉和驅動力。例如，在產品創新方面，來自顧客的知識（與產品/服務相關的顧客體驗、投訴與抱怨、期望和價值觀等）是產品創新的核心和基礎，可對產品的性能、體驗和功能升級等進行優化或突破性創新；在有顧客參與創新的情況下，新產品在體驗價值、性價比和獨特性等方面更容易實現差異化或優於競爭對手，最終提高產品創新效果。因此，顧客知識整合是提高產品競爭力的關鍵，可以幫助企業識別和吸引那些更有價值的顧客，進而提高整個企業的價值創新效率。在實踐中，顧客知識整合不僅包括顧客與企業之間的知識交流，還包括顧客之間的知識分享。③供應商知識整合。零售商與供應商的關係相對複雜，供應商要為零售商不同的渠道提供不同的產品，而且還要具有協調「自營」與「聯營」關係的知識。同時，在處理供應商關係時，零售商也需考慮採購權的配置問題②。④市場知識整合。要避免實體零售和網絡零售在目標市場、商品組合和價格等方面發生內部衝突，差異化經營是基本途徑，即兩種業務分別針對不同的目標市場，經營不同的商品組合，實施不同的營銷組合策略，包括溝通策略、價格策略、服務策略等③。例如，網絡零售較難實現全品類的發展，在產品的開發上需選擇更適應消費者需求的專業品類，並結合服務的專業化與個性化，形成新的產品價值主張。

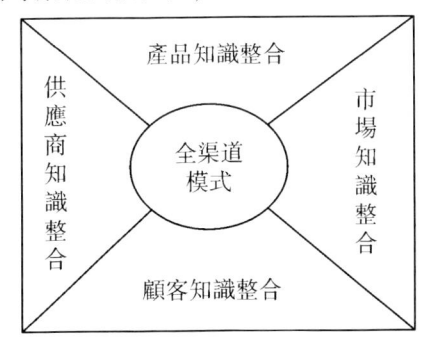

圖 2-12　傳統零售業電商化轉型中的全渠道模式

---

① 張武康，郭立宏. 多渠道零售研究述評與展望 [J]. 中國流通經濟，2014（2）：88-96.
② 劉文綱，郭立海. 傳統零售商實體零售和網絡零售業務協同發展模式研究 [J]. 北京工商大學學報（社會科學版），2013（4）：38-43.
③ 張武康，郭立宏. 多渠道零售研究述評與展望 [J]. 中國流通經濟，2014（2）：88-96.

(四) 知識內在化階段：產業融合模式

產業融合是產業間知識滲透和高度整合的結果。在這一階段，整個耦合系統與外界知識交換合理有序，系統化的顯性知識內化為隱性知識，並通過技術擴散、產業擴散帶動傳統零售業與電子商務產業融為一體，並最終形成產業融合。因此，傳統零售業與電子商務的產業融合是知識在不同產業或同一產業不同行業相互滲透和協同發展的結果。

當電商將顯性知識內化為隱性知識後，傳統零售商將逐漸突破自身的產業邊界，與第一、二產業及第三產業其他行業相互滲透、彼此延伸，在產品、技術、業務、運作、市場甚至理念上相互融合、共同發展，賦予零售新的功能，甚至形成新的產業形態，零售業或將從一種媒介轉型為生產、消費和分配的組織者，最終成為一種創造高附加值的綜合服務產業。

第五節　零售業國家價值鏈整合與升級

一、國家價值鏈內涵

(一) 國家價值鏈的概念

南京大學劉志彪教授（2011）認為，國家價值鏈（又稱國內價值鏈）是本土企業基於龐大的國內市場需求，在國內市場競爭中獲得品牌、渠道或自主研發能力，進而主導國內價值鏈分工生產體系[1]。孫建波、張志鵬（2011）則把國家價值鏈定義為：基於國內本土市場需求發育而成的，由本土企業掌握的品牌、銷售終端渠道以及自主研發創新能力等產品價值鏈的核心環節；同時，還參與區域或全球市場的價值鏈分工生產體系，並具有產品鏈的高端競爭力[2]。賈根良、劉書瀚（2012）認為，國家價值鏈就是以內需為基礎，建立以本國企業為龍頭的高端價值鏈[3]。上述學者同時認為，與全球價值鏈升級相比較，發展中大國利用廣闊的國內市場建立起獨立自主的國家價值鏈更可行且更

---

[1] 劉志彪. 重構國家價值鏈：轉變中國製造業發展方式的思考 [J]. 世界經濟與政治論壇，2011（4）：1-14.

[2] 孫建波，張志鵬. 第三次工業化：鑄造跨越「中等收入陷阱」的國家價值鏈 [J]. 南京大學學報，2011（5）：15-26.

[3] 賈根良，劉書瀚. 生產性服務業：構建中國製造業國家價值鏈的關鍵 [J]. 學術月刊，2012（12）：60-67.

容易成功。綜上所述，在國家價值鏈的形成過程中，學者們都共同強調了國內市場、本土領導企業和自主創新的作用，並且多從製造業升級視角展開，較少涉及零售業等服務性行業。

實際上，中國已形成一批具有較大影響力的大型零售業、物流企業、專業化市場等流通企業或交易平臺，為構建流通主導型的國家價值鏈奠定了基礎。大型流通企業通過完善自身功能，將逐漸實現由商品交易平臺向國家價值鏈主導者或協調者的角色轉換，成為產業發展的引擎和中小製造商轉型升級的主導者[1]。同時，在新技術發展迅速的知識經濟時代，全球價值鏈的發展動力逐漸從產業資本轉向商業資本。在商業資本主導的部分行業已呈現大型零售商主導價值鏈整合的格局和趨勢。在大型零售商主導的價值鏈系統中，國內零售高度集中於少數大型零售商，並以大型零售商為中心，研發、生產、消費與流通形成一個龐大的協作系統。

結合零售業現狀和現有文獻分析，筆者總結了零售業國家價值鏈的內涵，即零售業國家價值鏈是在國內市場需求龐大和區域經濟環境不平衡背景下，基於零售業的基礎性和先導性作用，為維護國家經濟安全和擺脫全球價值鏈的低端鎖定，構建了本土零售業主導的國內價值鏈分工生產體系，並從國家戰略層面予以支持和培育。

（二）國家價值鏈的特徵

（1）國家價值鏈中的市場需求更加穩定，為國內產業轉型升級提供了堅實的市場基礎。國家價值鏈強調在本國範圍內構建自主產業體系，主要產業鏈活動在國內完成。如果在全球範圍內配置資源，因缺乏主導權，多在價值鏈低端進行活動，引發頻繁的國際貿易爭端，加劇市場需求波動，不利於產業轉型升級。而國家價值鏈戰略並不立即觸犯跨國巨頭在全球化市場中的根本利益，不會立即遭到其圍追堵截和抵制。

（2）國家價值鏈強調自主構建完善的國內產業體系，掌握產業發展的主導權，能夠自主決定自有品牌、生產網絡、銷售渠道。在全球價值鏈中沒有自主的國內產業體系支撐，企業就沒有發展的主動權，技術、產品、銷售均由跨國巨頭主導，缺乏轉型升級的動力。

（3）國家價值鏈不是封閉的產業系統，而是要在融入全球價值鏈的前提下，重新整合國內企業的產業關聯和循環體系，重塑產業鏈治理機制，重新調整位於不同區域的中國產業之間的關係結構。嵌入全球價值鏈與整合國家價值

---

[1] 丁俊發. 中國流通業的變革與發展[J]. 中國流通經濟，2011（6）：20-24.

鏈是同一戰略，不是要放棄已有的國際市場需求和份額，而是要由依賴國外市場轉化為以國內外市場並重。依託國內市場做品牌，然後一步一步地做成世界品牌。

二、零售業國家價值鏈整合分析

（一）零售業國家價值鏈整合的戰略意義

在全球化競爭背景下，整合國家價值鏈是中國零售業產業鏈的升級戰略，也是中國零售業產業鏈整合的重要路徑。具體理由如下：

（1）國內市場是中國產業鏈轉型升級最重要的基礎。龐大的國內市場需求，是中國整合國家價值鏈並突破全球價值鏈封鎖的基礎。過去的經驗表明，全球跨國公司在培育其自主品牌的過程中，大多數都依靠強大的國內市場和國家生產系統，內生地培育出適應產業升級的高級要素。以美國零售業為例，美國主要的15個大型國內零售商的國內銷售額所占比重多在90%以上甚至100%，而低於80%以下的僅有3家（見表2-3）。這表明，美國零售業的整合主要依賴於龐大的國內市場。在中國，發達國家及其跨國公司並不完全具有產品終端需求市場控制力，巨大的國內市場可充分發揮本土企業的在位優勢，使零售業更易於完成自身的品牌升級。因此，強大的市場規模效應對國家價值鏈中分銷、服務、品牌等高端環節的升級有著特殊的作用。

表 2-3　　　　2014 年美國主要零售商的國內銷售額比重

美國的主要零售商	銷售額（百萬美元）	其中：來自美國國內銷售額比重（%）
沃爾瑪（WAL-MART STORES）	476,294.0	70.5
CVS Caremark（CVS CAREMARK）	126,761.0	98.4
好市多（COSTCO WHOLESALE）	105,156.0	71.1
家得寶（HOME DEPOT）	78,812.0	88.8
克羅格（KROGER）	98,375.0	100
亞馬遜（AMAZON.COM）	74,452.0	56.7
塔吉特公司（TARGET）	72,596.0	98.2
沃爾格林公司（WALGREEN）	72,217.0	97.1
美國勞氏公司（LOWE'S）	53,417.0	97.7

表2-3(續)

美國的主要零售商	銷售額 (百萬美元)	其中：來自美國 國內銷售額比重 (%)
百思買 (BEST BUY)	45,225.0	84.8
美國西夫韋公司 (SAFEWAY)	42,981.8	87.3
西爾斯控股 (SEARS HOLDINGS)	36,188.0	85.1
大眾超級市場 (PUBLIX SUPER MARKETS)	29,147.5	100
梅西百貨 (MACY'S)	27,931.0	99.8
來德愛 (RITE AID)	25,526.4	100

資料來源：根據2014年美國百強零售商排行榜和2014年財富世界500強排行榜數據整理。

(2) 實施零售業國家價值鏈整合是維護中國經濟安全的需要。現代流通業已逐漸成為先導性產業和基礎性產業，流通決定生產的戰略格局已然形成。中國製造業在全球價值鏈低端緩慢發展，長期處於被「俘獲」與「壓榨」狀態，發達國家和跨國公司通過全球價值鏈控制流通業，可以逆向整合到上游的製造業。雖然中國流通業已被國家定位為基礎性產業和先導性產業，但是中國零售業在國際競爭中依然處於劣勢，零售業價值鏈的高附加值環節仍被發達國家佔據，全球跨國公司對現代零售業價值鏈的整合與控制可影響到國家經濟安全。因此，零售業價值鏈具有重要戰略意義，應上升到國家戰略層面，構建零售業的國家價值鏈。

(3) 構建國家價值鏈實現自主創新是中國產業轉型升級的必經之路。國家價值鏈是全球價值鏈的一個重要組成部分和發展階段。全球價值鏈可分為全球價值鏈、跨國價值鏈、國家價值鏈、區域價值鏈等。在全球價值鏈與跨國價值鏈條件下，跨國公司主導的產業鏈在全球生產系統中起著決定性的作用，影響著全球價值鏈不同環節的競爭力。全球價值鏈與跨國價值鏈的高端環節多控制在發達國家，中國的區域產業鏈多為低端產業鏈系統，嵌入全球價值鏈的低端環節，沿著發達國家主宰的產業價值鏈步步升級，但在中高端環節的功能升級與鏈條升級卻被發達國家鎖定了，拉美國家的中等收入陷阱即為一例。中國區域產業鏈「兩頭在外」，生產體系被分割，希望依賴於全球價值鏈與跨國價值鏈完成轉型升級變得異常艱難，通過國家價值鏈嵌入全球價值鏈要比個體企業嵌入全球價值鏈升級更容易成功。因此，零售業應利用廣闊的國內市場，整合現有區域產業鏈，形成完善的國內產業體系，構建獨立自主的國家價值鏈。

(4) 中國是一個區域發展不平衡的大國，不同地區在資源稟賦、經濟發

展、技術環境和社會文化等方面具有差異，市場需求呈現較多的維度，這為創新活動提供了較多的機會與空間。此外，地區的差異性也有利於在國內實現價值鏈分工，進而給國內產業鏈的主導企業提供了整合國家價值鏈的機會。

2. 中國零售業國家價值鏈整合實施中存在的問題

（1）產業鏈整合過多依賴行政資源，市場整合能力弱。在這種情況下，主導企業沒有經歷國內激烈的市場競爭，可能難以獨立地聚集起升級所需要的人力資源、技術要素等。

（2）消費者的挑剔程度是國家價值鏈發展的重要影響因素，國內市場缺乏挑剔的消費者，不利於本土企業培育國際競爭力。如果一味地遷就本土企業和保護本土產業體系，反而可能事與願違[1]。

（3）缺乏針對產業鏈整合的資本市場機制，難以發育出像國際大買家那樣的規模實力雄厚的跨國公司。在這種情況下，國內價值鏈就缺乏足夠的延伸性和關聯性，進入鏈中的企業也會處於不穩定的狀態。

（4）針對國內產業融合的形成機制不完善。在複雜多變的國際市場環境下，零售業產業鏈整合已變成全球範圍內的運動過程，形成了開放的社會化系統。零售業產業鏈系統是一種以消費者為中心，包含零售業、商貿、物流業、金融業、信息業、餐飲住宿業、社區服務業等在內的複合型產業組織，它是以商流為主體，以物流、信息流、資金流為支撐的產業形態。在這種複合型產業格局下，存在更多的價值創造空間，有利於企業根據自身狀況找到合適的切入環節，充分培育和發揮比較優勢，追尋價值鏈優化。這種格局要求打破傳統的行業壁壘，貫通產業鏈，形成產業大融合的視野和經營理念。

三、自主創新與零售業國家價值鏈整合

中國應如何構建與整合國家價值鏈呢？劉志彪（2011）曾從產業升級的角度提出構建國家價值鏈，其關鍵是專業市場[2]。孫建波（2011）強調推動收入分配趨於平均化、消費結構趨於高級化，建立內需導向機制，逐步推動從出口導向向內需導向的轉變。賈根良（2012）則是基於生產服務業，從四個途徑構建國家價值鏈，即抓住生產性服務業機會、培育系統整合者、開發專業化市

---

[1] 劉志彪. 重構國家價值鏈：轉變中國製造業發展方式的思考 [J]. 世界經濟與政治論壇, 2011（4）：1-14.

[2] 劉志彪. 重構國家價值鏈：轉變中國製造業發展方式的思考 [J]. 世界經濟與政治論壇, 2011（4）：1-14.

場交易平臺、實施「走出去」戰略①。綜上所述，已有研究多從製造業的產業升級、價值擴張等多種途徑去建設和完善國家價值鏈。從現有文獻看，對零售業國家價值鏈的研究較少，但已有研究對關於零售業國家價值鏈的構建路徑的研究具有較好的借鑒與啓示。首先，在國家價值鏈的形成過程中，學者們都共同強調了國內市場、本土領導企業和國內產業體系的作用，這些都離不開自主創新。其次，通過自主創新，建立起本國零售業經濟體系的系統協同效應使其價值鏈低端的企業也能在一定程度上分享價值鏈所創造的各種創新收益（如技術創新、自主品牌、定價權、組織創新等多方面帶來的租金）。被全球價值鏈領導者鎖定后，中國企業很難實現自主創新，其主要創新活動是由跨國公司來完成，創新租金也就被跨國公司全部攫取了，並由跨國公司母國各階層在不同程度上分享了。因此，國家價值鏈與自主創新存在較強的互動關係。結合上述分析，筆者提出了零售業國家價值鏈下的自主創新內涵，即在國家價值鏈情境下，零售業自主創新包括企業與國家價值鏈兩個層面。從企業層面看，零售業自主創新是以顧客價值導向為核心，包含商品服務創新、流程創新和功能創新等多個戰略維度在內的商業模式創新體系；從國家價值鏈層面看，零售業自主創新是培育本土市場主體和鏈主企業，自主決定自有品牌、生產網絡、銷售渠道，自主構建完善的國內產業體系，促進價值鏈整合與創新升級。

　　自主創新在構建零售業國家價值鏈中起著至關重要的作用，中國應如何通過自主創新構建零售業的國家價值鏈呢？結合上文內容，筆者提出了零售業自主創新戰略的路徑與框架，即以國內市場為前提和條件，以顧客價值創新為導向，以價值鏈升級為目標與導向，培育本土鏈主，提高價值鏈的治理能力；推動技術創新，提高流通效率；促進商業模式創新，提升價值創造能力；以電商產業與零售業融合為基礎，完善國內產業體系，提升價值增值空間。具體路徑聯系如圖 2-13 所示。當然，需要注意的是：中國零售業是一個高度開放的產業，零售業國家價值鏈建設不是封閉進行，而是要在融入全球價值鏈前提下，重新整合中國企業賴以生存和發展的產業關聯和循環體系，重新塑造產業鏈的治理結構，調整位於不同區域的中國產業之間的關係結構。同時，嵌入全球價值鏈與整合國家價值鏈是同一戰略，不能放棄已有的國際市場需求和份額，而是要由依賴國外市場轉化為國內外市場並重。

---

① 賁根良，劉書瀚. 生產性服務業：構建中國製造業國家價值鏈的關鍵 [J]. 學術月刊，2012（12）：60-67.

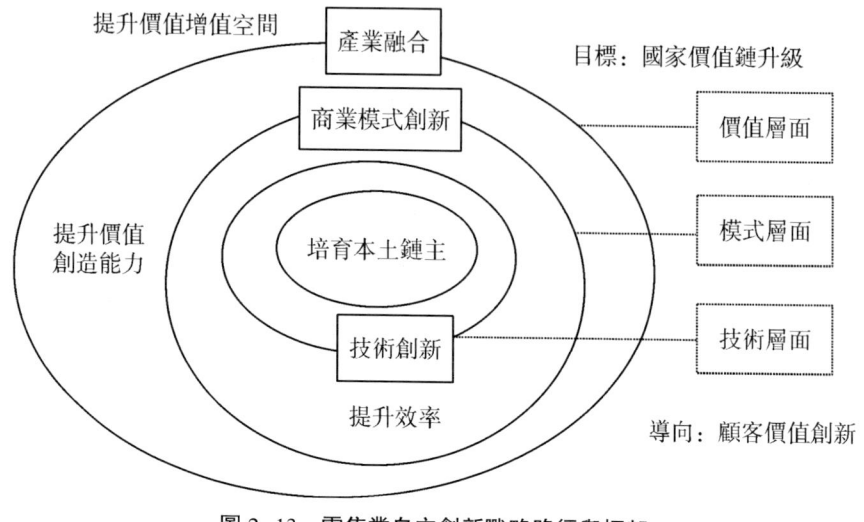

图 2-13 零售业自主创新战略路径与框架

第六节 零售业产业链整合机制分析

为提高零售业产业链整合效率，构建本土企业主导的国家价值链，政府要设法降低本国企业产业链整合的制度成本，创造各种有利条件推动和促进相关参与者聚集，并提供相应的行动协调平台，形成一个有效的约束机制和激励机制；消除地方政府的市场壁垒和地方保护，促进商品和要素自由流动；鼓励竞争，营造各类企业平等使用生产要素和创新资源的外部环境，用市场机制配置资源。

零售业产业链整合的政府作用机制主要包括财税金融激励机制、市场保障机制和国内需求激励机制。在产业链整合的不同阶段，政府作用机制的侧重点应有所不同：在发展初期，多侧重财税金融激励机制推动；在成长和成熟阶段强调需求激励、市场保障机制。在产业链整合中，不能过多依靠行政手段，而是要通过制度创新，释放制度红利，用市场机制配置资源。

一、政策激励机制

政府应创造各种有利条件推动和促进相关参与者的聚集，并提供相应的行

動協調平臺，形成一個有效的約束機制和激勵機制。

（一）財稅與金融的激勵機制

影響中國零售業升級的因素有很多，特別是成本高、效率低問題。中國商業聯合會曾向國務院反映，整個零售業都存在總體稅負偏重、不合理收費導致負擔重的問題，限制了零售業的規模化發展，不利於擴大消費。因此，政府應強化並落實財稅、金融等優惠政策，提升零售業市場主體的競爭力。中國受「重生產、輕流通」「先生產、后生活」的觀念的影響，對零售業的收費不僅名目繁多、不夠規範，甚至對一些壟斷性收費費率偏高，一些收費有明顯的價格歧視。這些稅費對零售業流通費用和經營成本的影響較大。基於上述分析，政府可通過以下措施降低零售業成本。

1. 調整土地使用政策

零售業用地價格高於工業，有的地方政府對大眾化網點建設也採用「招拍掛」的土地出讓方式，地價之高令普遍微利的零售業無法承受，這使得零售業用地價格遠遠高於工業。因此，應適當調整土地使用政策，切實降低零售業的土地使用成本。政策應對經營大眾化商品和服務的零售網點，以及納入規劃的物流項目，在土地使用上都予以優先考慮和保障；並在土地出讓金和城鎮土地使用稅上執行與工業平等的政策，而非僅僅減免農產品一類。

2. 降低零售業各項收費

降低零售業水電價格，使其享受與工業同等待遇；降低公路路橋收費；降低城市交通管理對零售業的不合理限制。支持零售業做大做強，確定一批予以重點支持的貿易型總部企業，在通關流程、人才引進、資金結算、投資便利、人員出入境等方面給予政策支持。為扶持零售業做強做大，在安排中央外貿發展基金和國債資金、設立財務公司、發行股票和債券、提供金融服務等方面予以支持。

3. 降低零售業的整體稅負

零售業的總體稅負較高（在26%以上，分別比房地產、金融保險、信息通信業等高利潤行業高出4.6個、5.8個和13.6個百分點），過高的稅負阻礙了零售業的升級。因此，政府應適當調整零售業的整體稅負水平。對此，筆者提出以下建議：①降低零售業的整體稅負。繼續擴大營改增的適用範圍，使其全面覆蓋零售業的所有環節。營業稅在商貿物流中重複納稅的現象十分突出，物流分工越細、課稅越多，加重了物流企業的稅負，抑制零售環節中的總集成、供應鏈管理等先進物流組織方式的發展。另外，在社會分工越來越細、服務外包越來越多的情況下，如果還徵收營業稅，那就意味著是在不斷地加重稅

賦，顯然不利於社會分工、服務外包、服務出口。因此，營改增應全面覆蓋到零售業的所有環節，切實降低零售業的稅負水平。②運用信貸、財政貼息、稅收調節以及設立專項發展基金等措施支持重要商品儲備庫、大型農產品批發市場、社會性物流配送中心、公共服務信息網絡、電子商務平臺等零售基礎設施建設。③支持並落實連鎖商業跨區域開店由總部統一納稅。目前，中國在稅收上實行「逆向調節」，在稅收政策上制約著中國連鎖企業做大做強。為了支持企業規模化擴張，主要發達國家都引入了集團稅制，在限定控股比例的前提下，允許母子公司合併納稅，這種做法值得中國學習。

4. 統一思想，落實現有財稅、金融等優惠政策

現有的稅收、金融、土地等優惠政策存在執行與落實的現實困難。2012年一年之內就由國務院發布了兩個關於流通業的重要文件——《國內貿易發展「十二五」規劃》《關於深化流通體制改革加快流通產業發展的意見》（以下簡稱「39號文」），以及關於流通產業「降費減稅」實施措施的「國十條」。這些政策由多部門聯合制定，各項政策涉及價格、商務、財稅、工商、交通等多個部門，如何加強這些部門在制定和執行政策中的協調性？統一思想，防止「政策的原則性，落實的扯皮性」是關鍵。「國十條」對商業行業內反映最為強烈以及對流通費用和經營成本影響最大的主要問題卻只是原則性提及，且政策都是意向性政策，具體執行涉及多個行政管理系統；各項不合理運輸收費的「大頭」集中在高速收費和亂罰款，主要矛盾其實仍在交通部門，但「國十條」對此仍只有原則性表述。造成這種現象的原因並非商務部門未盡全力，而是未能取得有關部門的共識。因此，要提高政策的可操作性，對「39號文」和「國十條」中許多原則性規定，應統一思想，防止「政策的原則性，落實的扯皮性」，由國務院辦公廳協調相關部門制定可以操作的實施細則。

（二）國內需求激勵

國內需求對零售業自主創新和提高質量起著尤其重要的作用，苛刻成熟的國內需求有助於該國零售企業贏得國際競爭優勢。政府可通過以下途徑激勵國內需求：

1. 培育國內挑剔的消費者

政府和企業應主動加大消費者保護力度，工商、質檢等部門建立苛刻的監管機制，讓國內消費者真正擁有消費主導權。目前的零售業發展中，電商市場打假是重點，應加快電子商務立法與強化電子商務領域的創新保護，建立電子商務知識產權保護制度。

2. 培育中國中等收入階層

政府應努力培育中國中等收入階層，進而依託本國中等收入階層的文化和市場，培育中國的世界品牌。若缺乏中等收入階層的支持，將會導致收入不平等和「啞鈴形」的需求結構，難以對自主品牌形成規模龐大的需求空間，也很難培養出整合國家價值鏈的領導型企業，最終喪失依託本國市場來整合國家價值鏈的空間。中等收入階層的增加將帶來更多國內市場需求，內需引導創新，進而推動產業升級和收入提高，並形成較好的良性循環。

二、市場保障機制

（一）建立順暢的市場傳導機制，保障信息、知識的自由流動

沒有順暢的市場傳導機制，將削弱產業鏈整合的效果。因此，針對產業鏈系統整合過程中所涉及的物質、資本、技術、信息以及人才等要素的流動與交換，應建立起發達完善的市場網絡平臺、融資平臺、技術轉移平臺、信息網絡平臺、人才網絡平臺等[1]。

消除地方保護主義和部門保護主義思想，加快區域市場建設，促進區域一體化；消除政策歧視，促進市場統一。地方政府在招商政策上普遍歧視本國資本，而對外資商業給予優厚條件，提供「超國民待遇」，違背了市場公平競爭的原則。目前在管理體制相對滯后和流通業政策歧視等因素制約下，中國流通業市場表現為內外貿市場分割、區域市場分割、城鄉市場分割和條塊市場分割，而且分割情況嚴重，這也妨礙了統一市場的形成。因此，應消除政策歧視，促進市場的迅速統一和發展。推進區域地市場化進程，加快經濟一體化的步伐。通過各項規章制度來規範部門間以及各級政府間的逐利行為，打破地方保護主義和部門保護主義，推進區域地市場化進程。促進區域一體化建設，可以鼓勵諸如珠三角、長三角和環渤海等經濟比較發達的地區先建立地區性質的統一市場。國家應該積極推進這些區域的公共服務體系的建立，有效地發揮零售業在這一方面的積極作用。應大力支持地區內的大型零售業的發展壯大，鼓勵他們拓展國內外市場。加強區域內的利益協調機制以及利益共享機制的建立與完善，通過整合區域市場，最終形成全國性的統一市場；構建一套統一有效的市場交易機制和市場競爭機制；加強法律制度的建設，為市場主體進行公平

---

[1] 袁艷平. 戰略性新興產業鏈構建整合研究——基於光伏產業的分析 [D]. 成都：西南財經大學，2012.

競爭提供優越的法律環境，為市場的規範化、有序化、公平化運營提供強有力的法律支撐。

(二) 產業安全保障機制

取消外資企業的「超國民待遇」，確保內外資零售業的公平競爭。不宜再過分強調引進外資政績考核；要依法消滅各種政策歧視，保護中小企業，創造和維護公平競爭的市場環境；依法維護流通渠道安全和自主知識產權。

把歐盟反傾銷的管理模式和經驗借鑒到中國流通領域，實施流通領域內的反傾銷，避免外資巨頭利用全球化戰略，整合資源，統籌運營，控制中國流通渠道。

加快電子商務立法，建立電子商務知識產權保護制度，建立線上、線下相統一的信用評價機制。

(三) 完善反壟斷政策體系

規範零售商和供應商之間的商業關係，創造公平競爭的市場環境。在調整零售商和供應商的關係方面，中國可以參照美國的《1930年易腐爛農產品法》制定出符合中國當前實際的商業實踐規範，以規範零售商與供應商之間的商業行為。同時，效仿美國成立專門機構（聯邦貿易委員會）進行反壟斷的執法，規避執行過程中產生行政權力不清、取證與執行困難等問題。

在重點培育大型零售業時，還需積極扶持與保護中小零售業，限制大型零售業濫用市場勢力。

規範地方政府競爭行為的導向。地區生產總值與地方政府「政績晉升」掛勾的激勵機制可能造成地方保護，提高了市場整合成本，不利於國家價值鏈的發展。地方政府的地區生產總值競爭可能導致其對外資或本地企業的「隱形」補貼，扭曲了正常的市場競爭市場①。因此，地方政府不規範的競爭行為很大程度上擠壓了中國企業整合國家價值鏈的激勵空間。

小結

在國際競爭和新技術革命沖擊下，中國零售業面臨著越來越嚴峻的挑戰，同時，零售業還面臨內部體制、機制和市場分割等瓶頸問題。中國幾乎集聚了全球最著名零售商，零售業產業鏈上下游企業融入跨國零售巨頭主導的全球價

---

① 劉志彪. 重構國家價值鏈：轉變中國製造業發展方式的思考 [J]. 世界經濟與政治論壇，2011 (4): 1-14.

值鏈中，但伴隨產業升級壓力，中國零售業及相關產業融入全球價值鏈的優勢逐步被抵消，中國零售業競爭比其他國家零售市場都要激烈得多。中國零售業對國家經濟安全具有戰略意義，擺脫全球價值鏈的低端鎖定、振興和升級國內零售業，急需理論上的突破。產業鏈整合與升級為解決中國零售業發展提供了理論框架。中國零售業產業鏈整合總體戰略思路是：①在互聯網經濟時代，大型零售商是中國零售業產業鏈整合的主導企業（或鏈主）；②大型零售商通過產業鏈延伸，促進零售業產業鏈的橫向與縱向整合；③促進零售業與電子商務產業的融合；④整合與構建國家價值鏈，實現零售業的產業鏈升級；⑤為保障零售業產業鏈的整合，需要構建政府作用機制，形成著力點，支持產業鏈整合。

在互聯網經濟時代，大型零售商是中國零售業產業鏈整合的主導企業（或鏈主）。在大型零售商主導下，產業鏈整合的關鍵要素主要包括五項：顧客價值、知識、資本、產業政策和市場。這些要素間的各種關係和互動機理組成了產業鏈整合的機制體系。伴隨大型零售商的功能升級，產業鏈整合將呈現以下發展模式：供應鏈服務提供商模式、全渠道服務商模式和全產業鏈服務商模式。

大型零售商通過產業鏈延伸，促進零售業產業鏈的橫向與縱向整合。大型零售商對產業鏈的縱向整合多從供應鏈流程再造開始；零售業產業鏈橫向整合的途徑主要是發展連鎖業態、購物中心、多業態整合和多元化投資等。

推動零售產業鏈與電商產業鏈耦合，促進產業升級。伴隨信息技術和互聯網應用的不斷進步升級，電子商務產業蓬勃發展，對以實體零售為主體的傳統零售業沖擊較大，並呈現滲透和融合發展的趨勢。推動傳統零售業與電商產業耦合已是大勢所趨。產業耦合的實質就是知識整合，知識整合過程表現為社會化、外在化、整合化和內在化四個階段，每個階段層層遞進，體現了知識整合推動零售產業鏈與電商產業鏈耦合的演進過程。

在全球化競爭背景下，整合國家價值鏈是中國零售業產業鏈的升級戰略，也是中國零售業產業鏈整合的重要路徑。自主創新在構建零售業國家價值鏈中起著至關重要的作用，零售業自主創新的戰略路徑是：以國內市場為前提和條件，以顧客價值創新為導向，以價值鏈升級為目標與導向，培育本土鏈主，提高價值鏈的治理能力；推動技術創新，提高流通效率；促進商業模式創新，提升價值創造能力；以電商產業與零售業融合為基礎，完善國內產業體系，提升價值增值空間。

政府要設法降低零售業產業鏈整合的制度成本，創造各種有利條件推動和

促進相關參與者聚集，並提供相應的行動協調平臺，形成一個有效的保障機制和激勵機制，消除地方政府的市場壁壘和地方保護，促進商品和要素自由流動，鼓勵競爭，營造各類企業公平使用生產要素和創新資源的外部環境。政府的作用機制有：財稅金融的激勵機制、市場保障機制和國內需求激勵機制。在產業鏈整合的不同階段，政府作用機制的側重點應有所不同：在發展初期，多側重於財稅金融激勵機制推動；在成長和成熟階段強調需求激勵、市場保障機制。在產業鏈整合中，不能過多依靠行政手段，而是要通過制度創新，釋放制度紅利，用市場機制配置資源。

第三章　中國零售業產業鏈整合風險分析

　　對於零售企業而言，產業鏈整合在帶來整體競爭力提升的同時，也可能產生一系列的風險，需加以防範。產業鏈整合中的主要風險有知識共享風險、協同風險與利益分配風險（見圖3-1）。知識共享是產業鏈整合的前提和基礎，知識共享範圍受限和共享效率低下是一種基礎性風險；協同風險產生於合作各方的協調溝通過程中，屬於過程性風險；利益分配風險產生於收益分配和價值分享，屬於結果性風險。

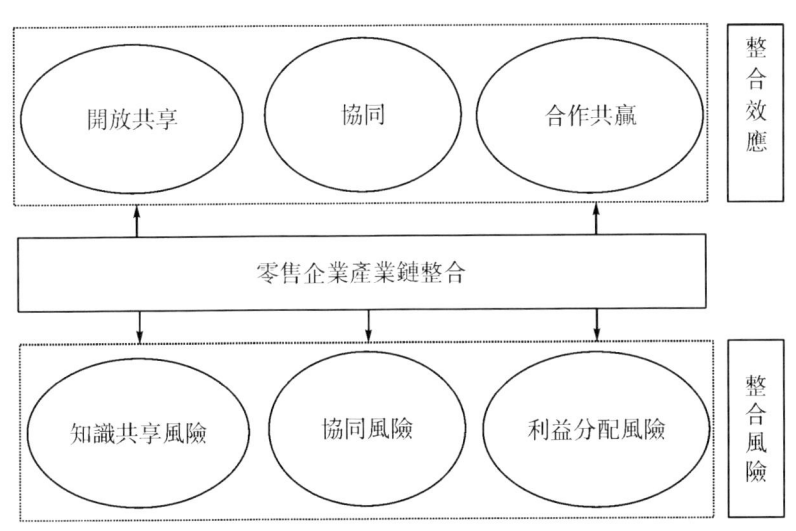

圖3-1　零售企業產業鏈整合效應以及相應的風險

第一節　知識共享風險

一、知識共享風險的形成與后果

知識共享機制是產業鏈整合的前提和基礎。知識共享即知識在不同所有者之間雙向流動，實現知識在一定範圍內的自由流動和自由使用。如果沒有完善的知識交互與共享機制，產業鏈各節點就是相互獨立的信息孤島。知識如果不能在產業鏈上自由流動和自由使用，各節點上的企業就無法協同運作以及追求和分享產業鏈增值份額。

二、產業鏈整合和運行中存在的知識共享風險

在產業鏈整合和運行中存在三種風險，即知識創新的高風險、知識外泄以及機會主義行為，見圖3-2。

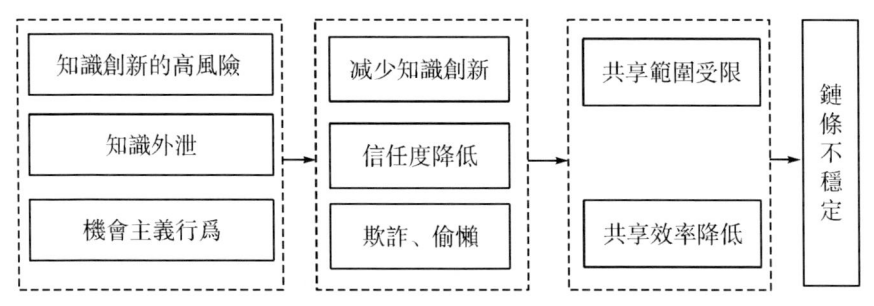

```
┌─────────────────┐   ┌─────────────────┐   ┌─────────────────┐   ┌───┐
│ 知識創新的高風險 │   │  減少知識創新   │   │  共享範圍受限   │   │鏈 │
├─────────────────┤   ├─────────────────┤ → ├─────────────────┤ → │條 │
│    知識外泄     │ → │   信任度降低    │   │                 │   │不 │
├─────────────────┤   ├─────────────────┤   ├─────────────────┤   │穩 │
│  機會主義行為   │   │   欺詐、偷懶    │   │  共享效率降低   │   │定 │
└─────────────────┘   └─────────────────┘   └─────────────────┘   └───┘
```

圖3-2　知識共享風險影響產業鏈的穩定運行

知識創新的高風險與低成本共享的矛盾。知識創新長期性與知識使用短期性之間的矛盾使產業鏈整合中的企業缺乏動力整合團隊經驗和專業知識。這種特性使得企業在面對不確定性時很可能仍沿用舊慣例，而對新知識、新能力不信任。

知識提供者面臨著知識外泄的風險，尤其在同質程度高的市場運作的企業更加可能使用共享中獲得的知識提升競爭性產品和過程。為防止這種溢出效應的產生，知識共享範圍將受到限制，共享效率也將隨之下降，企業間的信任度也會下降，這使得產業鏈在整合中增加了更多的不確定性，進而降低了其穩定性。

機會主義行為的風險。核心知識是企業的專有性資產，共享者可用較低的

成本獲得知識，加之產業鏈合約的不完備性，合作各方利益驅動機制的差異性以及管理機制的缺陷性，導致產業鏈內部分企業存在機會主義行為。當企業存在機會主義行為時，其會採用欺詐、偷懶等手段進行知識共享，以更小的代價為自身換取更大利益。如果這種機會主義行為得不到很好的約束和治理，就將直接造成產業鏈知識共享的效率下降，從而降低鏈條的穩定性。

第二節　協同風險

一、協同風險的形成與分類

（一）協同風險的形成

產業鏈協同的核心理念是共贏、共享、開放、激勵，並追求整體利益最大化。產業協同圍繞核心理念與核心利益，通過協調機制實現對利益、文化、關係、資源的有效整合。但是，由於產業鏈內外部環境的動態性、產業鏈構成的複雜性以及利益冲突帶來的系統內耗性，在產業鏈整合中，隨時都有可能激化協同矛盾，並進一步強化個人利益最大化，加深企業之間的不信任、封閉與獨占（見圖3-3）。

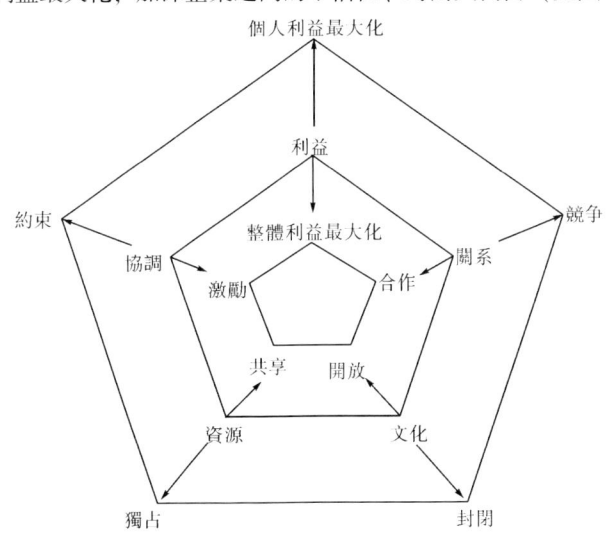

圖3-3　協同矛盾關係圖

資料來源：盧慧清. 基於 FAHP 的製造企業精益供應鏈協同風險評價研究［J］. 科技創業月刊，2010（7）：70-71.

1. 產業鏈內外部環境的動態性

產業鏈整合的關鍵要素主要包括五項：顧客價值、知識、資本、產業政策和市場。外部的政策環境和市場環境，以及鏈內的價值、知識、資本都處在動態變化中，這些變化都可能帶來產業鏈整合的風險。

2. 產業鏈構成的複雜性

在產業鏈整合中，由於不同產業鏈發展不均衡以及強弱不等，其整合目標和效用差異較大，因此產業之間的利益協調難度大，存在較多的不確定性。鏈內各個環節是不同的利益主體，有可能跨所有制、跨地域，管控難度大；每個企業從戰略層到運作層的整個環節都不盡相同，不同企業的業務流程以及信息管理流程也都不盡相同。

3. 利益衝突帶來系統內耗性

產業鏈上各企業是不同的利益主體，節點企業很少能以系統的整體利益著眼，且常常從自己立場出發為了自身的最大利益而運作，因此會出現系統內耗。每個組織為了追求自身利益最大化存在合作競爭博弈，然而各節點的管理能力、技術水平、員工素質等不同，在追求自身利益最大化的過程中會影響彼此的獲利水平，這種利益衝突將會大大增加產業鏈的風險。此外，產業鏈整合以實現共贏為目的，為了產業鏈的整體利益，在某些時候或某些環節，可能會暫時犧牲部分個體的利益，從而導致利益衝突。因此，利益衝突是產業鏈整合中的主要矛盾。

綜上所述，產業鏈的多參與主體、跨地域、多環節的特徵，使產業鏈容易受到來自外部環境和鏈上各實體內部不利因素的影響，形成協同風險。

(二) 協同風險的分類

從零售企業產業鏈整合的層次看，協同風險主要體現在三個層面上：在產業層面是多產業鏈的整合和運營，在產業鏈層面是各個價值環節的整合，在渠道層面是線上線下的整合（見圖3-4）。

图 3-4 协同风险的分类

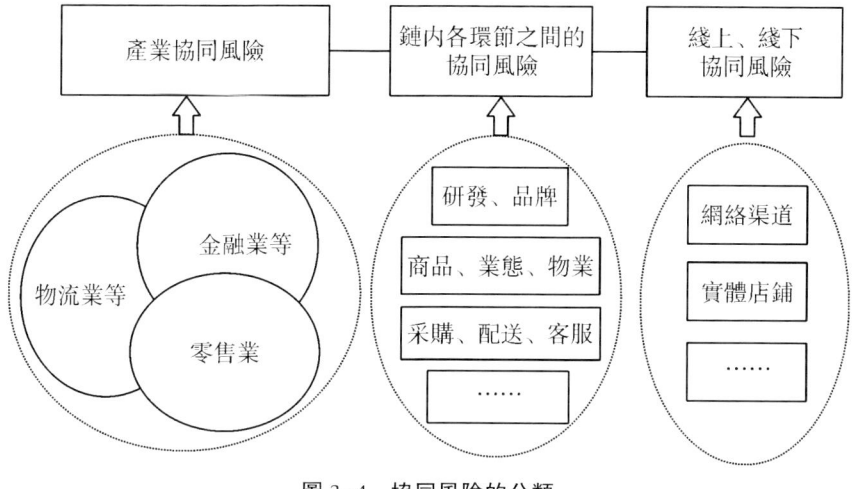

二、各层面的协同风险分析

（一）链与链之间的产业协同风险

多产业链的整合和运营是一项庞大而复杂的工程，它将带来产业协同风险。产业协同是产业之间具有较强的结构交换能力与互利关系的和谐运动，零售业与其他产业之间的关联度越高，它们之间的协同作用越强，产业之间的整体运行质量就越高[①]。零售业作为联结第一产业、第二产业以及其他第三产业和消费者的桥梁，本质上决定了它与其他产业之间存在着密切的联系。随着零售业的不断发展和零售企业实力的增强，零售业向第一产业和第二产业进行延伸和融合，这种产业间的融合不仅增强了产业间的互补功能，而且赋予了零售业新的附加功能和更强的竞争力。为了适应零售业特征与市场形势变化，零售企业的产业整合还需要强化不同产业链条之间的产业协同，构筑良好的产业协同链条，不能掉「链子」，否则难以形成良性循环。如零售业与农业产业链、零售业与制造业产业链、零售业与金融业产业链的协同。

零售企业跨链整合的产业协同风险是指产业之间合作不和谐带来的关系风险和系统风险，进而导致产业协同的负面效应。产业协同风险的形成主要受以

---

① 曹静. 基于产业融合的中国现代零售业发展路径研究 [J]. 上海商学院学报，2012（5）：39-43.

下因素的影響：首先，產業協同風險源於跨鏈整合本身的複雜性。對於零售企業而言，跨產業鏈的整合和運營是一項龐大而複雜的工程，需要基於產業格局和戰略規劃才能取得整合及協同的乘數效應；此外，跨鏈整合也是一個複雜的系統重構過程，自然會產生關係風險和系統風險。其次，不同產業鏈條的行業風險不盡相同，容易導致跨行業和跨市場的系統性風險傳遞等問題，形成跨行業、跨市場的交叉性風險。如果防範跨行業、跨市場風險傳染的隔離機制不完善，極易導致產業協同的負面效應。如零售企業與金融產業鏈的整合，由於金融的產業鏈條短，隨時存在套利風險，而且金融業本身的風險就很大，如果涉及關聯交易還可能把風險傳遞到產業鏈整合的主導企業。另外，主導企業在金融運營上不具備技術和經驗優勢，一旦經營管理失誤，所承擔的風險也非同小可。

（二）鏈內環節之間的協同風險

企業的協同經營也會因為需要大量的協調行為而產生額外的成本，如果管理不善，不但不能產生正面協同效應，反而會導致業務間、活動間的資源爭奪現象，甚至還會因為一項業務而拖累另外一項業務，最終導致企業的整體績效與競爭力下降。

1. 鏈內環節之間協同風險的形成

產業鏈的參與主體眾多，各節點企業是不同的利益主體，其規模大小、成長性和核心能力也是各不相同。各節點企業在戰略、組織、人力和文化協同等方面，存在不同程度的差異和分歧，進而帶來協同中的負面效應，形成協同風險。此外，產業鏈各節點企業一般是通過協議來協同運作，彼此間缺乏完善的監督和懲罰機制，依賴相互之間的信任進行運作。這種機制也可能導致彼此間心存戒備，從而產生協同風險。

2. 鏈內環節之間協同風險的主要表現

鏈內環節之間的協同風險主要體現在以下幾個方面：

（1）戰略協同風險。由於各節點企業的目標和利益訴求存在差異，實施產業鏈整合後，企業內外部條件將發生變化，節點企業的戰略可能無法滿足產業鏈整體利益最大化需求，導致企業目標模糊，戰略方向迷失並最終影響產業鏈的整體競爭優勢。

（2）組織協同風險。產業鏈整合必然要求企業對其組織結構進行相應的調整，以實現企業組織結構的相互協同，如果不能實現這一目標，產業鏈的運轉效率就可能因此而受到影響，從而導致組織機構協同風險的出現。傳統零售企業的組織形態，延續了工業時代典型的「科層組織」模式。這種模式在互

聯網時代的今天，開始愈發的不適應當前的競爭，弊端也大量顯露，例如，官僚主義、效率低下、部門壁壘嚴重、文牘主義、規避風險決策等。其最致命的問題是消費者被置於科層金字塔的最下層，顧客價值理念的具體實施者遠離企業高管的指令與想法。另外，在產業鏈併購整合中，大型零售商集團可能擁有不同性質的企業，既有國有成分占主導的企業，也有民營成分占主導的企業，既有上市公司，也有非上市公司。要實現對集團下屬多家跨所有制、跨地域、跨產業的管控，需要做好組織管控，如何有效分配投資管理權、財務管理權、人事管理權等就成為集團的一個兩難命題。

（3）人員協同風險。龐大的產業鏈布局中人員規模、管理幅度的擴大，更容易發生人員管理上的失誤。人力資本具有的能動性和不確定性，決定了它很容易在整合過程中發生變異，這種變異包括通用人力資本資源和獨特人力資本資源的轉移，也包括因各種激勵措施的變化、企業組織結構的破壞等導致的人力資本價值的變化。人力資本價值的變化必然影響未來企業的收益，從而產生了人員協同風險[1]。

（4）文化協同風險。文化協同風險主要表現在不同企業之間的文化差距、文化對立以及文化融合的阻力。在產業鏈整合中，如果企業文化沒得到統一，則可能產生負面的協同效應。以購物中心為例，購物中心中的業態與功能的組合實際上是一門商業與服務業品牌編輯組合的藝術，購物中心的運營要求有很高的發動全體品牌租戶整體營銷的能力。打折促銷的低層次營銷，營銷創意差，大營銷活動的魄力不足是目前購物中心運營中的一個比較突出的問題[2]。

（三）線上線下整合（O2O）的協同風險

1. 線上線下整合（O2O）的協同風險

電子商務和零售實體是兩個不同的商業系統，在渠道、營銷、物流等方面均存在較大的差異。電子商務系統與零售實體系統的線上線下整合，意味著其在戰略、管理理念及風格、組織結構、管理團隊等方面的重大調整，這種改變必然會導致內部掣肘，可能產生負面的協同效應，進而形成協同風險。

2. 線上線下整合（O2O）協同風險的主要表現

線上線下整合的協同風險主要體現在以下幾個方面：

（1）戰略協同風險。實體零售商引以為傲的聯營制戰略模式現已成為零

---

[1] 謝小軍. 企業併購整合風險管理問題探析 [J]. 企業家天地，2007（4）：37-38.
[2] 顧國建. 當前零售業發展的幾個問題 [J]. 中國食品，2015（20）：84-89.

售商O2O實踐中的枷鎖。國內零售實體並不是O2O實踐的主要推動力量，O2O實踐是國內多數零售實體迫於生存壓力的被動轉型下的策略，因而多數沒有清晰的戰略規劃。同時，實體零售商的O2O實踐正淪為「雞肋」，其自建電商平臺的運營舉步維艱，幾乎沒有發揮多少效用。

（2）業務管理的協同風險。線上業務通常是一種以計算機替代人工的自動化運營過程，其業務流程的標準化和規範化是基礎條件。而目前部分實體零售的線下的業務流程大量依賴人員的主觀判斷和決策，缺乏規範的制度和規則以及信息化系統的支撐，短期內這些問題都在制約其O2O的進程①。

（3）顧客關係管理的協同風險。零售實體的O2O實踐大多要依附於互聯網巨頭已開發出的產品，如微博、微信、支付寶等。但是，其對互聯網平臺產品的應用，只能按照既定的產品設計業務場景和體驗流程，並不能夠完全考慮到自身的定位、目標消費者、商品組合等特徵，缺乏人性化和個性化，還基本停留在營銷層面。而O2O實踐的核心目標在於全渠道運營下以消費者為中心的購物體驗的全面提升，從而實現「可持續運營」和「可盈利」。顯然，繞開商品及供應鏈管理，只關注見效快的營銷層面，與O2O實踐的本質是相背離的②。此外，零售實體的線上渠道勢必會對導購員利益產生影響，消費者線上購買無法帶給導購員提成，將導致導購員服務質量下降，進而影響消費者的購物體驗。

（4）品牌協同風險。消費者對線下實體門店的不滿意、不信任，會直接影響到線上商店的品牌形象認知，特別是多渠道之間難免存在很多冲突和矛盾。線上與線下渠道的銷售掠奪時常發生，結果使得同一品牌在線上線下的協同困難。此外，線上與線下商品的價格碰撞與價格平衡也將導致品牌協同風險。

（5）人員協同風險。在人才引進、人才待遇、留住人才、團隊合作、經營思路、實施對策等方面，線下企業與線上企業是截然不同的，如線上、線下企業的員工年齡會差一個輩分，線下零售企業員工待遇比網絡零售企業的員工待遇也低很多③。實體零售商需要面臨電子商務人才引進以及如何在零售實體系統中有效激勵電子商務人才的人才管理困境。

---

① 孫會峰. 零售O2O的六大難題和四大出路 [EB/OL]. [2014-10-10]. http：//www.linkshop.com.cn/（kwthrmauciseeriqsdu1ui55）/web/Article_ News.aspx? ArticleId=303430.
② 孫會峰. 零售O2O的六大難題和四大出路 [EB/OL]. [2014-10-10]. http：//www.linkshop.com.cn/（kwthrmauciseeriqsdu1ui55）/web/Article_ News.aspx? ArticleId=303430.
③ 周勇. 線上線下的冲突與融合 [J]. 上海商學院學報，2013（6）：25-29.

第三節　利益分配風險

利益分配風險是指產業鏈上的總產出價值在產業鏈上的戰略合作伙伴之間進行分配時，公平分配的不確定性所導致的風險。利益分配是否合理影響到產業鏈節點企業參與協同的積極性，從而影響產業鏈整體效益的進一步提高。

由於企業的規模大小與核心能力不同，處於強勢的企業可採取轉移成本、轉嫁風險和簽訂不平等契約等形式以大欺小、恃強凌弱，這將強化產業鏈的不平等，進而導致利益分配風險。零售企業產業鏈整合中體現出的利益分配風險主要有大型零售商濫用市場優勢地位、主導企業的財務風險轉嫁、合作伙伴的「偷懶」或「搭便車」等。

一、大型零售商濫用市場優勢地位

所謂濫用市場優勢地位，通常是指擁有市場優勢地位的主體實施了下列行為：①直接或間接地迫使交易對手接受對其不利的交易條件，通常表現在交易中具有優勢地位的一方違背正常的商業習慣和規則，設定不公平、不合理的交易條件，迫使交易對手接受；②迫使交易對手向其提供資金、服務及其他經濟上的利益，如零售商向供應商索要不合理的進場費等；③強迫交易對手購入交易以外的商品或服務[①]。

近些年，隨著中國大型零售商市場地位的不斷增強，零售商與供貨商之間的摩擦和冲突不斷激化[②]。大型零售商憑借其市場支配地位，損害中小供應商利益的事件屢見報端，突出反映在以下幾個方面，見表3-1。

[①] 王為農，許小凡. 大型零售企業濫用優勢地位的反壟斷規制問題研究 [J]. 浙江大學學報（人文社會科學版），2011（5）：138-146.

[②] 孫藝軍. 大型零售商濫用市場優勢地位及應對策略 [J]. 北京工商大學學報（社會科學版），2008（5）：11-16.

表 3-1　　　　　　　　大型零售商濫用市場優勢地位的表現

苛刻的交易條件	濫用市場優勢的名目	主要內容
苛刻的進場條件	商品進場費用	主要包括上架費、月返費、廣告費、促銷費、年節費、毛利補差等。
	不公平的歧視待遇	把供貨商分為 A、B、C 三類，影響力越大的 A 類品牌商品，零售商向其收取的費用越少，甚至不收；而大部分供貨商則屬於 C 類，要向零售商交納高昂的進場費。
	商品進場管理	有的超市要求供應商雇用促銷人員。
		條碼費、端頭費。
苛刻的銷售條件	隨意退貨	商品不旺銷供應商須擔責等。
	促銷活動	條幅、花籃、空飄燈箱、DM 特別廣告等。
	苛刻的商業信用條件	拖欠供應商貨款的帳期較長；其商業模式實際上是一種「類金融」模式，在與消費者進行現金交易的同時，延期三四個月支付上游供應商貨款。
	擅自變更銷售價格	大型零售商有權單方面調低貨價的條款。
	貼牌生產	要求製造商貼牌生產，使用商家品牌。

資料來源：①王為農，許小凡. 大型零售企業濫用優勢地位的反壟斷規制問題研究：基於雙邊市場理論的視角 [J]. 浙江大學學報，2011（5）：138-146.

②孫藝軍. 大型零售商濫用市場優勢地區反應對策略 [J]. 北京工商大學學報，2008（5）：11-16.

二、大型零售商的財務風險轉嫁

產業鏈整合往往是伴隨主導企業的一系列併購重組行為展開的，隨著產業鏈主導企業的整合力度不斷加大，對其財務資金也提出了非常高的要求。從主要零售商實際的運營效果來看，資產負債率呈逐漸上升趨勢，財務風險在不斷累積。因此，必須警惕主導企業的財務風險。

為控制財務風險，產業鏈主導企業利用自己的競爭優勢將財務風險和成本沿著供應鏈轉嫁給供應商承擔，並進一步蔓延到整個產業鏈，降低了產業鏈的整體競爭力。

國內大型零售商採用低成本拓展業務增強市場佔有量已成為一種趨勢，這種模式對資金的需求也很高，但大型零售商的稅前利率與淨利率普遍較低，依靠自身資金創造的能力是很難維持這種戰略的有效實施，因此普遍采取類金融

戰略，即占用上游供應商資金及縮短下游消費者的帳期，以及時回款。類金融模式是指如同商業銀行一樣低成本或無成本吸納占用供應鏈上各方資金，並通過滾動的方式供自己長期使用，從而得到快速擴張發展的營商模式。目前，類金融模式已經被國內大型零售商（如國美、蘇寧等）廣泛採用，主導企業將財務風險轉嫁到各節點企業（見圖3-5）[1]。然而，過度使用類金融模式則容易導致產業鏈的資金鏈脆弱，一旦失控，將極大地破壞整個產業鏈商業環境的公平，進而引發信用危機和財務風險。類金融的財務風險類似於多米諾骨牌效應，一旦主導企業發生危機，財務風險將沿著供應鏈向兩端蔓延，並迅速擴展和轉嫁到整個產業鏈，最終導致整個鏈條的斷裂。

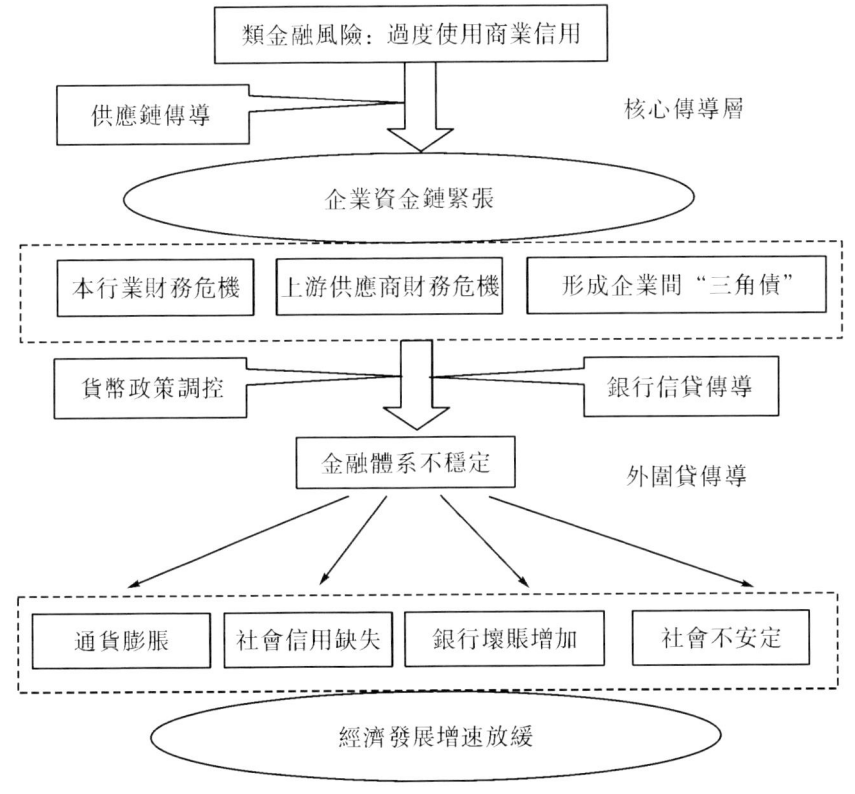

圖3-5 大型零售商類金融模式的財務風險傳導與轉嫁

資料來源：姚宏，魏海玥. 類金融模式研究：以國美和蘇寧為制[J]. 中國工業經濟，2012（9）：148-160.

---

[1] 姚宏，魏海玥. 類金融模式研究：以國美和蘇寧為例[J]. 中國工業經濟，2012（9）：148-160.

三、合作伙伴的「偷懶」或「搭便車」

產業鏈為合作伙伴提供了一個雙贏或多贏的機會，但合作伙伴的負面影響也是不可忽視的。企業之所以進入產業鏈，最根本的目的是獲取產業鏈剩餘利潤，實現自身價值最大化。

產業鏈是一個眾多成員企業構成的利益共同體，企業之間具有共同利益的前提下，仍存在各自獨立的個體利益。在實際產業鏈運行中，各企業會首先考慮自身的單獨利益，而不是把產業鏈整體利益放在第一位。因而各合作伙伴都會從自身利益出發，利用信息優勢而採取一些違背產業鏈整體利益或者其他成員企業利益的行為，或者沒有採取核心企業或其他成員企業所希望的行動，從而出現「偷懶」現象或「搭便車」現象。

四、福利效應的「兩極分化」

產業鏈整合的目標是把整個產業鏈的「價值蛋糕」做大，再集體「分蛋糕」。由於鏈主企業在產業鏈條上的核心地位，其在產業鏈整合過程中將優先保障其自身業績的提升，在利益分配中居於主導地位。主導企業在關鍵環節的績效增長往往有利於提升產業鏈整體績效，但對此問題需要進行辯證分析。當產業鏈各個環節或多個環節的業績都顯著增強時，產業鏈上下游的競合有可能促進整個產業鏈機制的進一步優化，而當產業鏈各個環節中只有一個環節控制能力顯著增強時，關鍵控制環節收益大，產業績效有可能向關鍵環節傾斜，雖然整體產業鏈的績效可能提升，但福利效應可能出現一定程度的惡化[1]。

小結

對於零售企業而言，產業鏈整合在帶來整體競爭力提升的同時也可能產生一系列的風險，需加以防範。產業鏈整合中的主要風險有：知識共享風險、協同風險與利益分配風險。知識共享是產業鏈整合的前提和基礎，知識共享範圍受限和共享效率低下是一種基礎性風險；協同風險產生於合作各方的協調溝通過程中，屬於過程性風險；利益分配風險產生於收益分配和價值分享。

---

[1] 徐從才，盛朝迅. 大型零售商主導產業鏈：中國產業轉型升級新方向 [J]. 財貿經濟，2012（1）：71-77.

第四章　產業鏈整合與零售企業績效分析

第一節　大型零售商主導下的產業鏈整合已然形成

一、基於產業鏈的併購與整合規模不斷增大

中國零售業經過多年的規模擴張，隨著網絡零售的加盟與迅猛發展，零售業已進入加速整合階段。根據安永會計師事務所發布的《零售革命：中國零售業併購現象概覽》(2006) 和德勤公司發布的《中國零售力量》(2012—2014 年) 數據整理分析，2005 年，中國零售業的併購交易總額為 111 億元。到 2011 年，全國零售行業併購交易數量達到 159 起，披露的併購金額共計 58.96 億美元（約合人民幣 374 億元），比 2010 年增長 15%。湯森路透併購交易的歷史數據表明，2013 年以傳統購物中心為主的中國零售業併購事件高達 36 起，與 2012 年相比交易總額翻三番，交易數目上漲 44%。這種高頻併購現象在百貨行業更是突出。根據歷史數據的不完全統計，2014 年批發零售業通過併購所涉及的交易金額為 70.99 億元，而 2015 年的這一數值達到 1,569.69 億元，是 2014 年總額的 21.11 倍，增速驚人。2014 年批發零售業併購事件有 21 起，2015 年批發零售業併購事件有 88 起，同比增長 319.04%。從行業情況來看，2015 年批發零售行業所涉及的併購總數和併購總額均在 18 個行業中排名前三[①]。

---

① 前瞻產業研究院. 2016—2021 年中國零售行業市場前瞻與投資戰略規劃分析報告 [EB/OL]. [2016-02-26]. http://mt.sohu.com/20160226/n438564654.shtml.

电商零售巨头利用兼并和收购来加快整合产业链的速度。從 2011 年開始，截至 2016 年上半年，中國電子商務所參與的併購案件達到 615 起，所涉及的併購總金額約為 363 億美元。2011 年，披露的併購總金額約為 5 億元，而 2012 年這一數字高達 103 億美元，同比增長 190.60%。2013 年，與網絡零售相關的併購事件 3 起，包括凡客、裂帛和奧斯馬特，而 2014 年和 2015 年，共發生與網絡零售相關的併購事件分別為 21 起和 14 起，涉及網絡零售巨頭阿里巴巴、蘭亭集勢、唯品會等，並且併購交易總額飛速發展，僅 2015 年，披露的交易總額已接近 160 億美元，是 2011 年的 32 倍。併購數量和併購金額呈現前所未有的井噴趨勢。

實體零售併購電商，尋求線上與線下的結合。隨著電子商務的蓬勃發展，實體零售遭遇瓶頸，發展疲軟。過去的 30 年，零售百貨通過併購來拓展零售渠道，提高滲透，呈現野蠻增長，而如今連鎖及零售行業的收購不再是僅限於拓展線下零售渠道，而是將重點放在線上網絡的構建，通過兼併收購電商，布局電子商務，突出重圍，開拓銷售新渠道。例如：零售巨頭蘇寧和國美均放慢線下擴張的腳步，國美電器以 4,800 萬元收購家電 B2C 庫巴購物網 80% 的股份，正式進軍電子商務領域；蘇寧出資 6,600 萬美元，100% 收購母嬰網站紅孩子；等等。

隨著產能過剩和電商的迅猛發展，零售業的產業鏈整合從傳統的橫向、縱向併購，逐漸轉型為強強併購、戰略合作，特別是 2013 年以來，巨額交易的併購事件不斷發生（見表 4-1）。

表 4-1　　　　　2013—2016 年零售行業的重要併購事件

時間	收購方	被收購方	交易金額	事件主要內容
2013 年 1 月	王府井	春天百貨	39.4 億元	收購 97% 的股權
2013 年 1 月	解百	杭州大廈	26.62 億元	擬收購杭州大廈 60% 的股權
2013 年 5 月	大商集團	大連大商	33.2 億元	收購大連大商旗下零售資產
2013 年 8 月	華潤萬家	樂購中國業務	33.8 億元	整合樂購，華潤占 80% 的股權，樂購持有 20% 的股權
2013 年 10 月	蘇寧雲商	PPTV	13.1 億元	收購 PPTV44% 的股權
2013 年 10 月	翠微股份	甘家口大廈當代商城	24.6 億元	100% 的股權

表4-1(續)

時間	收購方	被收購方	交易金額	事件主要內容
2013年11月	凱德商用	廣州白雲綠地中心	26.5億元	收購白雲綠地中心零售部分二期項目
2013年11月	凱德商用	首地大峽谷	17.4億元	收購100%的股權
2014年3月	阿里集團	銀泰商業	53.7億港元	受讓銀泰商業（集團）有限公司9.90%的股權及可轉換債券
2014年5月	步步高	南城百貨	15.8億元	收購100%的股權
2014年12月	物美集團	百安居	14億元	收購中國百安居70%的股權
2015年4月	永輝超市	聯華超市	7.44億元	收購聯華超市21.17%的股份
2015年8月	阿里集團	蘇寧雲商	283億元	收購蘇寧19.99%的股份
2015年8月	蘇寧雲商	阿里集團	140億元	持有阿里約1.12%的股份
2015年8月	京東集團	永輝	43.1億元	京東商城創始人劉強東以及京東商城副總裁孫加明二人控股的兩家子公司將持有永輝超市10%的股權
2015年10月	成商集團	仁和集團的子公司	24.74億元	併購人東百貨和光華百貨
2016年2月	成商集團	深圳茂業百貨等5家公司	預計成交額達85億元	收購全部股權
2016年6月	京東集團	1號店	估算98億元人民幣	全資收購1號店

資料來源：根據公司的相關公告整理。

二、大型零售商的規模擴張加快了產業鏈整合

大型零售商通過連續幾年的整合，資產規模大幅增長。從表4-2的數據分析可知，2013—2014年國內零售企業總資產增幅分別為17.8%、14.4%，同期，國內八大零售商的資產規模增幅分別為40.9%、76.6%，遠高於國內企業

的平均增幅。在2015年和2016年，八大零售商的資產規模繼續攀升，五年之內，資產規模增幅高達2倍。2012—2014年國內八大零售商的資產總額占國內企業的比重分別為9.36%、10.23%、13.48%，隨著整合力度的加強，呈現逐年遞增趨勢。2012—2016年主要零售商的資產擴張規模如表4-2所示。

表4-2　　　　　　　　主要零售商的資產擴張規模

公司＼年份	2012	2013	2014	2015	2016
阿里巴巴	472	1,071	2,700	3,647	4,564
京東商城	179	260	665	852	1,442
蘇寧雲商	762	830	822	880	1,337
國美電器	364	393	441	416	574
大商股份	142	150	148	166	177
百聯集團①	767.8	813.6	917.9	890.7	910
大潤發	446	499	524	555	557
山東省商業集團有限公司②	399.64	530.56	632.3	707.7	754.3
合計	3,532.44	4,547.16	6,850.2	8,114.4	10,315.3
國內零售企業總資產	37,727	44,438	50,825	---	---

注：
（1）2016年國美電器數據系中期報告數據，百聯集團是第一季度數據。其他公司是第三季度期末數；2012年，阿里巴巴沒有年末數，採用了第一季度期末數據。
（2）表中數據以億元為單位，四捨五入。
（3）2015年、2016年國內零售企業總資產國家統計局未公布。
（4）阿里巴巴、京東、蘇寧、國美、大商和大潤發表中信息均為各集團的上市公司數據。排名前10位的華潤萬家、沃爾瑪（中國）公司數據不完整，故未記入。

資料來源：根據同花順、新世紀資信等數據整理。

---

① 上海新世紀資信評估投資服務有限公司. 百聯集團有限公司主體信用評級報告［EB/OL］.［2014-08-04］. http：//www.nafmii.org.cn/zlgl/zwrz/xxpl/pjbg/201504/P020150423539365864.pdf.
② 山東省商業集團有限公司2015年度財務等重大信息公告［EB/OL］.［2016-06-30］. http：//www.lushang.com.cn/news/show-3773.html. 聯合資信山東省商業集團有限公司中期票據跟蹤評級報告［EB/OL］.［2016-07-19］. http：//www.nafmii.org.cn/zlgl/zwrz/xxpl/pjbg/201607/P020160722669760789629.pdf. 中債資信. 山東省商業集團有限公司主體2013年度跟蹤評級結果［EB/OL］.［2013-06-27］. http：//www.nafmii.org.cn/zlgl/zwrz/xxpl/pjbg/201307/P020130719542335903367.pdf.

第二節 大型零售商的整合績效分析

一、大型零售商的市場集中度進一步提升

（一）零售業的集中度逐步提升

1. 行業集中度 CR4、CR8

2010—2015 年，中國零售行業的行業集中度 CR4 值從 2.5% 增長到 7.13%，行業集中度 CR8 從 3.64% 增長到 8.77%。通過分析 2010—2015 年的 CR 值發現，中國零售業市場集中度仍然較低。

表 4-3　2010—2015 年中國零售行業的 CR 值（零售業市場集中度）

年份	行業集中度 CR4（%）	行業集中度 CR8（%）	備注
2010	2.50	3.64	
2011	3.45	4.8	比上年度有較大幅度變化
2012	3.35	5.06	
2013	3.69	5.23	
2014	4.77	5.80	
2015	7.13	8.77	比上年度有較大幅度變化

資料來源：根據中華全國商業信息中心、中國統計年鑒的數據整理。

2. 零售企業百強銷售規模占社會消費品零售總額的比重持續提升

根據中華全國商業信息中心的統計，2011—2014 年中國零售百強企業銷售額分別為 19,789.1 億元、23,786.5 億元、27,718.2 億元、33,741 億元，中國零售百強銷售規模比上年同比增長 15.3%、20.2%、19.8%、6.4%，比全社會消費實際增速分別高出 3.7%、5.9%、14.2%。2015 年百強銷售規模占社會消費品零售總額的比重為 13.7%，同比增長 0.8%，達到 2006 年以來的巔峰值。2006—2015 年零售百強銷售規模占社會消費品零售總額的比重如圖 4-1 所示。

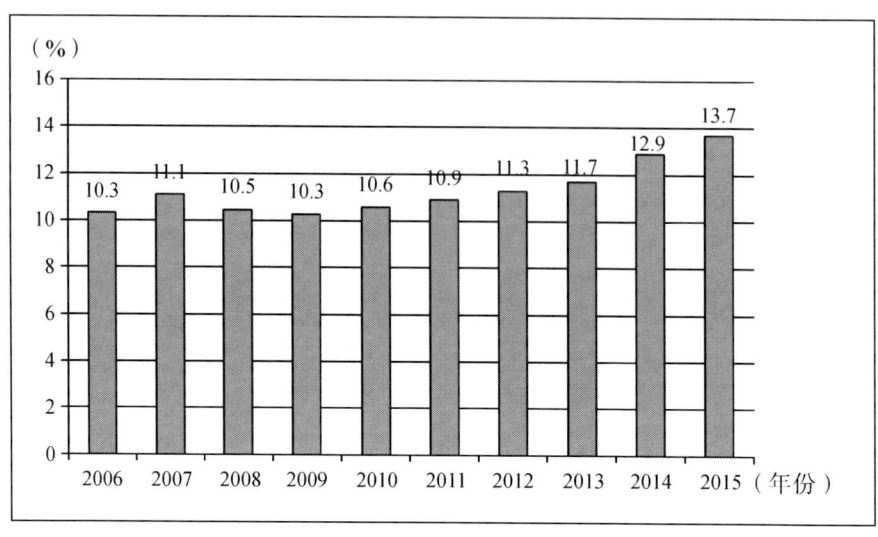

圖 4-1　2006—2015 年零售百強銷售規模占社會消費品零售總額的比重

2014 年，93 家實體店零售企業（不含 7 家電商零售企業）銷售規模同比增長 5.6%，其中門店數同比增長 3.6%，平均單店銷售規模為 5,413.0 萬元，同比增長 1.9%，門店銷售規模增速大於單店增速。從排名來看，第一梯隊（前 10 位的 8 家企業）、第二梯隊（第 11 至 60 位的 46 家企業）與第三梯隊（第 61 至 100 位的 39 家企業）企業，單店銷售規模、門店增長以及其貢獻度的差異較大①（見表 4-4）。第二梯隊大型零售企業單店銷售增速最快（8.1%），其單店銷售增長貢獻度高達 85.9%；第三梯隊大型零售企業門店增速最快（3.9%），其門店增長貢獻度高達 98.5%。第一梯隊的大型零售企業平穩發展，在單店銷售規模、門店增長方面分別略遜於第二梯隊、第三梯隊。

表 4-4　2014 年 93 家實體店單店銷售和門店增長及貢獻度情況　　單位：%

項目	單店銷售增速	門店增速	單店銷售貢獻度	門店增長貢獻度
零售百強（93 家實體店）	1.9	3.6	33.5	66.5
第 1 至 10 位（8 家）	3.2	2.7	52.8	47.2
第 11 至 60 位（46 家）	8.1	1.2	85.9	14.1

---

①　中國商業聯合會與中華全國商業信息中心. 2014 中國零售百強圖解及數據分析 [EB/OL]. [2015-07-09]. http://www.linkshop.com.cn/web/archives/2015/329105.shtml.

表4-4(續)

項目	單店銷售增速	門店增速	單店銷售貢獻度	門店增長貢獻度
第61至100位（39家）	0.1	3.9	1.5	98.5

資料來源：中國商業聯合會與中華全國商業信息中心. 2014中國零售百強圖解及數據分析[EB/OL].[2015-07-09]. http://www.linkshop.com.cn/web/archives/2015/329105.shtml.

（二）零售企業前10強在百強的集中度進一步提升

1. 零售企業前10強佔百強整體銷售規模的比重上升

2015年，中國大型零售企業的銷售規模越來越大，排名第一的天猫交易額超過一萬億元。伴隨電商零售的擴張，中國逐漸成長出一批零售巨頭（見表4-5）。

表4-5　　零售百強排名前10位的企業及銷售規模① 　　單位：億元

前10強企業	2012年 排名	2012年 銷售額	2013年 排名	2013年 銷售額	2014年 排名	2014年 銷售額	2015年 排名	2015年 銷售額
天猫	2	2,194	1	3,470	1	7,630	1	11,410
京東	7	768	6	1,219	3	2,602	2	4,627
蘇寧控股	1	2,327	2	2,654	2	2,735.8	3	3,429.5
大商集團	4	1,310	4	1,504	4	1,702.3	4	2,004.4
國美電器	5	1,174	5	1,333	6	1,434.8	5	1,536.9
百聯集團②	3	1,639	3	1,590	5	1,342	6	1,197
華潤萬家	6	941	7	1,004	7	1,040.0	7	1,094.0
大潤發	8	725	8	807	8	856.7	8	1,079.1
沃爾瑪	9	580	9	688	9	723.8	9	735.5
魯商集團	11	501	10	596	10	671	10	653.9

資料來源：根據中華全國商業信息中心數據整理。

通過大規模的併購整合，市場集中度進一步提升。2007年前10名企業銷售額佔百強整體銷售規模的比重為48.4%，到2014年，這個比例高達59.3%

---

① 中華全國商業信息中心. 2015年零售百強名單[EB/OL].[2016-07-07]. http://www.cncic.org/index.php?option=com_content&task=view&id=41974&Itemid=126.
② 上海新世紀資信評估投資服務有限公司.百聯集團有限公司主體信用評級報告[EB/OL].[2014-08-09]. http://www.nafmii.org.cn/zlgl/zwrz/xxpl/pjbg/201504/P020150423539339765864.pdf.

（見圖4-2）。2015年前10名企業的市場集中度快速提升，銷售額合計為20,013.9億元，占百強整體銷售規模的比重高達2/3。2014—2015年，以天貓和京東為代表的七大電商占百強整體銷售的比重分別為32.8%、41.7%。

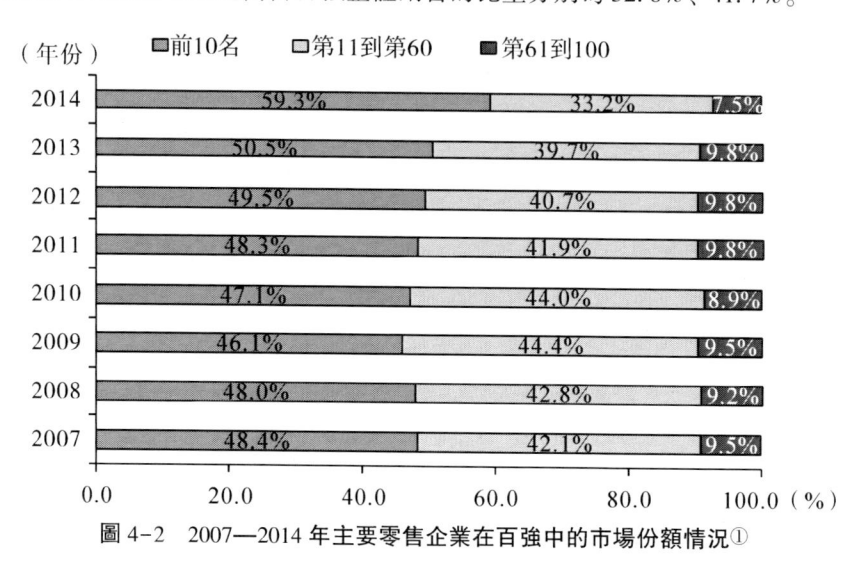

（年份）	前10名	第11到第60	第61到100
2014	59.3%	33.2%	7.5%
2013	50.5%	39.7%	9.8%
2012	49.5%	40.7%	9.8%
2011	48.3%	41.9%	9.8%
2010	47.1%	44.0%	8.9%
2009	46.1%	44.4%	9.5%
2008	48.0%	42.8%	9.2%
2007	48.4%	42.1%	9.5%

圖4-2　2007—2014年主要零售企業在百強中的市場份額情況①

2. 零售企業前10強銷售額增速大幅高於百強整體增長水平

2015年前10位企業銷售規模增長34.8%，比百強整體增速高12.4個百分點；2012年前10位企業銷售規模增長28.1%，比百強整體增速高7.9個百分點。

最近兩年，以天貓和京東為代表的七大電商，對百強零售企業整體銷售增長的貢獻率高達80%。其中，天貓和京東是前10企業銷售規模快速增長的主要原因。2015年，天貓和京東同比分別增長49.58%和77.8%，對前10企業銷售額增長的貢獻率超過六成。

2014年，共有七家電商擠進中國零售行業前100名，其中七家電商的銷售交易總額高達11,049.3億元，比2013年翻一番，約占百強銷售總額的1/3，比2013年同期增長12.1%。從貢獻率的角度，2014年七家電商對中國百強零售的銷售增長貢獻率與2013年相比，同期增長28.7%，已達到82.7%，這一數字是驚人的。與此同時，將七家電商排除在外，僅考慮百強內剩餘的93家實體零售企業，其銷售規模較2013年降低5.0%，僅為5.6%，這是近年來中

---

① 2014中國零售百強圖解及數據分析［EB/OL］．［2015-07-09］．http://www.linkshop.com.cn/web/archives/2015/329105.shtml.

國實體零售企業首次以低於兩位數的速度增長，創下新低①。

截至2016年，全國主要城市一半以上的零售市場份額已被全國排名前10的零售商占據，然而這一現象在全國範圍內並未普遍發生。以縣城級別市場為例，只有約16%的零售市場份額由全國排名前10的零售商占據，碎片化現象十分突出。伴隨市場的持續發展和完善，可以預見下線城市的零售業將遵循零售業的競爭法則，進行不斷地併購整合②。

二、大型零售商的利潤增長表現不一

(一) 主要大型零售商的淨利潤增長情況

最近幾年，在零售業產業鏈整合中，以阿里巴巴、京東為代表的大型電商實力最強，一直處於領先地位。阿里巴巴的整合已初見成效，利潤大幅度上升（見表4-6）。京東商城因自建物流固定成本高，至今尚未盈利，但是零售業務已經開始盈利。

從表4-6和表4-7可知，以大商、百聯、山東省商業集團為代表的實體零售商在產業鏈的橫向、縱向整合初步完成後，進一步擴張的步伐放緩，淨利潤與淨資產收益率逐年降低，盈利處於下滑趨勢。線上、線下相結合的蘇寧雲商逐步完成進一步的整合，效益止跌回升。

表4-6　　　2012—2015年主要零售商的淨利潤情況　　　單位：億元

年份 公司	2012	2013	2014	2015
阿里巴巴	46.65	234.03	243.2	659.75
京東商城	-17.29	-0.5	-49.64	-93.88
蘇寧雲商	8.73	8.67	3.72	26.76
國美電器	-5.97	8.92	12.8	12.08
大商股份	9.77	11.79	13.25	6.62

---

① 2014中國零售百強圖解及數據分析 [EB/OL]. [2015-07-09]. http://www.linkshop.com.cn/web/archives/2015/329105.shtml.

② 2014年中國零售五大趨勢：整合、多業態 [EB/OL]. [2014-03-07]. http://www.linkshop.com.cn/web/archives/2014/282719.shtml.

表4-6(續)

年份 公司	2012	2013	2014	2015
百聯集團①	14.73	15.08	14.19	-13.34
大潤發（康成、高鑫）	24.09	27.75	29.08	24.4
山東省商業集團有限公司②	13.52	11.21	10.13	8.77

注：①阿里巴巴的財政年度為2015年4月—2016年3月，其他幾年也是類似情況；山東省商業集團有限公司僅披露了利潤總額，故表中數據系利潤總額。②表中數據以億元為單位，四捨五入。③阿里巴巴、京東、蘇寧、國美、大商和大潤發表中信息均為各集團的上市公司數據。華潤萬家有限公司未含樂購數據。

資料來源：根據同花順、新世紀資信等數據整理。

表4-7　　2012—2015年主要零售商的淨資產收益率情況　　單位：%

年份 公司	2012	2013	2014	2015
阿里巴巴	78.18	80.56	17.72	33.14
蘇寧雲商	10.61	1.31	3.01	2.87
國美電器	-3.94	5.6	7.57	6.78
大商股份	24.57	24.2	21.62	10.66
百聯集團③	6.6	6.3	5.02	-4.21
大潤發（康成、高鑫）	14.31	14.8	14.78	11.78

---

① 上海新世紀資信評估投資服務有限公司.百聯集團有限公司主體信用評級報告［EB/OL］.［2014-08-04］.http：//www.nafmii.org.cn/zlgl/zwrz/xxpl/pjbg/201504/P020150423539339765864.pdf.上海新世紀資信評估投資服務有限公司.2016年百聯集團有限公司第一期中期票據［EB/OL］.［2016-07-28］.http：//www.shxsj.com/uploadfile/genzongen/201605/7020201400319bailianjituan.pdf.

② 山東省商業集團有限公司2015年度財務等重大信息公告［EB/OL］.［2016-06-30］.http：//www.lushang.com.cn/news/show-3773.html.聯合資信.山東省商業集團有限公司中期票據跟踪評級報告［EB/OL］.［2016-07-19］.http：//www.nafmii.org.cn/zlgl/zwrz/xxpl/pjbg/201607/P020160722669760789629.中債資信.山東省商業集團有限公司主體2013年度跟踪評級結果［EB/OL］.［2016-06-27］.http：//www.nafmii.org.cn/zlgl/zwrz/xxpl/pjbg/201307/P020130719542335903367.

③ 上海新世紀資信評估投資服務有限公司.百聯集團有限公司主體信用評級報告［EB/OL］.［2016-08-04］.http：//www.nafmii.org.cn/zlgl/zwrz/xxpl/pjbg/201504/P020150423539339765864.

表4-7(續)

公司＼年份	2012	2013	2014	2015
山東省商業集團有限公司①	10.46	6.48	4.85	3.06

注：①阿里巴巴、京東、蘇寧、國美、大商和大潤發表中信息均為各集團的上市公司數據。②華潤萬家數據缺失，沒有計入；因京東一直虧損，也未計入此表計算淨資產收益率。

資料來源：根據同花順、新世紀資信等數據整理。

（二）零售上市公司盈利情況

聯商網公布了《2015年零售業上市公司營收排行榜》[2]，在其統計的88家零售上市公司（絕大多數是傳統零售商）中，六成的零售上市企業利潤下降，2015年共實現淨利潤約360億元，不及阿里巴巴集團的2/3。88家上市零售企業的淨利率2.79%，這個數據略高於主要國際巨頭（它們的平均淨利潤率為2.7%）[3]。

《2016年第一季度零售業上市公司營收排行榜》統計的零售業101家上市公司數據顯示，其營業收入總額為2,814.58億元，平均營業收入額為27.87億元，由此推算，中國零售業101家上市公司年營業收入額已逾百億元。站在公司盈餘的角度，101家零售公司2016年第一季度的淨利潤為101.52億元，淨利潤率比2015年全年提高0.83%，達到3.62%。在2016年的第一、二季度，包括百貨、購物中心、超市、服飾、珠寶、家電數碼、藥店、電商在內的122家零售業上市公司，獲得累計營業收入8,943.68億元，然而由於淨利潤率偏低，僅為2.40%，由此獲得淨利潤215億元。在涉及零售百貨的57家上市公司中，2016年第一、二季度獲得營業收入2,628億元，而獲得的淨利潤為-53億元。其中，77%的上市公司營業收入有不同程度的降低，75%的上市公司

---

① 山東省商業集團有限公司2015年度財務等重大信息公告[EB/OL].[2016-06-30].http://www.lushang.com.cn/news/show-3773.html.聯合資信.山東省商業集團有限公司中期票據跟蹤評級報告[EB/OL].[2016-07-19].http://www.nafmii.org.cn/zlgl/zwrz/xxpl/pjbg/201607/P020160722669760789629.中債資信.山東省商業集團有限公司主體2013年度跟蹤評級結果[EB/OL].[2013-06-27].http://www.nafmii.org.cn/zlgl/zwrz/xxpl/pjbg/201307/P020130719542335903367.

② 2015年零售企業深度探底 近百家上市公司有六成出現淨利下滑[EB/OL].[2016-04-08].http://stock.10jqka.com.cn/20160408/c589104145.shtml.

③ 這裡所說的主要國際巨頭包括沃爾瑪、特易購、家樂福、歐尚、麥德龍、克羅格、卡西諾、711便利店等。

與2015年同期相比淨利潤降幅明顯，67%的上市公司存在營業收入與淨利潤共同下降的現象。人和商業，2016年第一、二季度營業收入僅為5.23億元，虧損高達144.93億元，拉低了中國百貨行業的利潤均值①。

2011年零售業上市公司營收為5,200億元，2012年情況有所好轉，上升7.7%，實現5,600億元，然而淨利潤僅為2015年的88.9%，約為156.1億元。50%以上的上市公司營收和淨利潤均呈現不同程度的下降趨勢，且降幅明顯。58家零售業上市公司毛利率中位數為20.2%，與2015年同期相比，增長0.9%②。

三、大型零售商的整合績效與產業鏈升級

盛朝迅（2011）選取中國31個省份2000—2009年的大型零售商盈利模式與產業鏈績效數據，構造面板數據結構進行計量分析。研究結論表明，大型零售商盈利模式優化、能力提升、分工深化和效率提升對產業鏈績效提升作用顯著。大型零售商盈利能力提升與產業鏈績效提升有較強的正向關係，而大型零售商分工深化具有顯著的迂回分工特徵，需要製造商產業鏈上下游演進及分工程度與其相匹配才會最大化發揮零售分工對產業鏈績效的提升促進作用。在考慮分工迂回特徵之後，大型零售商分工深化對產業鏈績效優化促進效應明顯，但如果大型零售商迂回鏈條過長、分工程度過多，與產業鏈運行實際情況不相匹配，也會造成相應的效率損失和績效弱化。以庫存率為代表的零售效率提升，不僅對產業鏈績效提升有顯著作用，對提升整個國民經濟績效的效果也非常顯著。從零售業態先進性因素來看，連鎖經營等先進業態對產業鏈績效影響顯著，有助於大型零售商進一步實施區域市場擴張，迂回提升產業鏈績效，並促進零售商服務方式創新，推進產業鏈績效的演化升級。但由於近年來，零售變革逐漸減弱，其對產業鏈績效的影響也逐漸減弱③。

---

① 人和商業巨虧近145億 超七成百貨業上市公司淨利下跌 [EB/OL]. [2016-09-12]. http://business.sohu.com/20160912/n468215532.shtml.

② 中華全國商業信息中心. A股58家零售上市公司2012年年報分析 [EB/OL]. [2013-05-14]. http://www.ebrun.com/20130514/73460_all.shtml.

③ 盛朝迅. 大型零售商主導產業鏈的經濟績效 [J]. 商業經濟與管理, 2011 (12): 12-20.

第三節　中國零售企業的總體績效分析

一、零售企業總體績效評價指標

產業績效是一個產業的整體表現，或者說整個產業對經濟和社會的貢獻。胡祖光教授（2006）提出了評價產業績效的思路：利潤率、技術進步、資源利用率、產品多樣化程度等[1]。零售業是創造價值的，它對國內生產總值的貢獻可以通過所實現的產值占 GDP 的比重來衡量。在大型零售商的主導下，零售業不斷整合產業鏈上下游，有效促進物流業、金融業和製造業等相關行業發展。零售業的發展與國民經濟中其他行業的發展有很強的關聯度，隨著產業鏈的不斷發展壯大，零售業對相關產業產生的需求日益增長，從而有利於拉動需求，提高社會經濟效益。因此，可通過零售業對 GDP 的貢獻程度來衡量市場發展程度。

綜上所述，對零售企業總體績效的評價，可用利潤率、資源利用率、對 GDP 的貢獻程度等指標來進行分析。

二、零售企業總體績效分析

（一）利潤率與資源利用率分析

在零售業中，評價資源利用率的常見指標有坪效、庫存率、資產周轉率、商品周轉率等；利潤率指標應表現為主營利潤率。根據中國統計年鑒的數據，筆者對其進行整理，相關指標的計算結果見表 4-8。

表 4-8　中國零售企業 2010—2014 年的盈利情況分析

年份 項目	2010	2011	2012	2013	2014
零售業銷售總額（億元）	57,514.60	71,824.89	83,441.33	98,487.26	110,641.39
主營業務利潤（億元）	5,366.90	6,804.51	7,748.74	9,863.12	10,689.49
總資產（億元）	24,557.80	30,842.89	37,727.31	44,438.44	50,824.92

---

[1]　胡祖光. 中國零售業競爭與發展的制度設計 [M] 北京：經濟管理出版社，2006：110-180.

表4-8(續)

年份 項目	2010	2011	2012	2013	2014
從業人數（人）	5,012,874	5,275,718	5,752,190	6,553,444	6,818,878
期末商品庫存額（億元）	5,104.60	6,650.34	7,735.36	9,161.34	12,042.86
零售營業面積（萬平方米）	26,189.8	21,227.8	25,134.9	28,827.5	31,255.8
商品購進額（億元）	48,890.8	62,083.9	74,027.96	86,014.6	96,511.8
主營業務利潤率（％）	9.33	9.47	9.38	10.01	9.66
總資產周轉率（倍）	2.34	2.33	2.21	2.22	2.18
商品周轉率（倍）	11.27	10.8	10.8	10.8	9.19
庫存率（％）	10.43	10.71	10.45	10.65	12.48
坪效（萬元/平方米）	2.2	3.38	3.32	3.41	3.54

資料來源：根據中國統計年鑒數據整理和計算。

從表4-8可知，在不斷地擴張與整合後，中國零售業的盈利能力已整體進入平穩發展狀態。2010—2014年，零售業主營業務利潤率從9.33%逐步提升到9.66%，但是中間波動大，2014年主營業務利潤率比2013年下滑較多。

零售業的資源利用率喜憂參半。2010—2014年，零售業坪效從2.2萬元/平方米穩步上升到3.54萬元/平方米；總資產周轉率穩中有降，從2.34倍微跌到2.18倍；商品周轉率大幅降低，從11.27倍大幅度下降到9.19倍；同期的庫存率也從10.43%逐步提高到12.48%，產能過剩風險逐步顯現。

在不斷地擴張與整合中，零售業主要業態（大型超市、百貨和專業店）的坪效卻是表現平平（見表4-9）。這表明大型超市、百貨店和專業店的坪效基本穩定，大型超市、百貨店和專業店已逐漸進入整合轉型期，整合績效尚待提升。便利店穩定增長，坪效逐年提升。便利店有貼近消費者的優勢，電商、服務商、貨品供應商與便利店的合作機會越來越多，將形成體驗、社交、生活服務和購物融為一體的以社區客群為服務核心的全新商業模式。[①]

---

① 中國連鎖經營協會，德勤會計師事務所. 中國零售業五大業態發展概況與趨勢 [EB/OL]. [2014-09-15]. http://www.ccfa.org.cn/portal/cn/view.jsp?lt=33&id=416734.

表 4-9　　2010—2014 年中國零售業主要業態的發展情況

	年份	2010	2011	2012	2013	2014
專業店	銷售額（億元）	17,233.2	22,919.3	19,629	22,492.8	23,345.8
	零售營業面積（萬平方米）	6,755.30	7,142.53	6,480.38	6,848.20	8,260.8
	坪效（萬元/平方米）	2.551	3.209	3.029	3.284	2.826
便利店	銷售額（億元）	246.60	225.98	263.92	311.30	346
	零售營業面積（萬平方米）	107.20	109.67	111.17	131.35	144.8
	坪效（萬元/平方米）	2.30	2.061	2.374	2.37	2.39
大型超市	銷售額（億元）	2,919.10	2,594.54	4,221.95	4,734.15	4,647.2
	零售營業面積（萬平方米）	1,843.70	1,760.62	2,744.86	3,106.52	3,109.2
	坪效（萬元/平方米）	1.583	1.474	1.538	1.524	1.49
百貨店	銷售額（億元）	2,671.50	3,226.82	3,251.78	3,703.97	3,806.1
	零售營業面積（萬平方米）	1,480.60	1,722.30	1,696.73	1,860.91	1,984.8
	坪效（萬元/平方米）	1.804	1.874	1.916	1.99	1.92

資料來源：根據國家統計局網站數據整理與計算。http://data.stats.gov.cn/workspace/index;jsessionid=078DF246B4B82CC1C234EA20F971118A? m=hgnd.

（二）零售企業對 GDP 的貢獻程度

從表 4-10 可知，隨著零售商逐漸主導產業鏈整合，零售業對 GDP 的貢獻不斷增加，2005—2014 年，工業在國內生產總值中的比重從 41.4% 下降到 35.9%，其中八個年頭均處於下跌中。而同期的零售業（含批發業）GDP 比重從 7.5% 上升到 9.8%，僅有一年處於下跌狀態。相關數據結果表明，中國零售業對 GDP 的貢獻不斷增大，中國零售業的市場化與產業化水平不斷提高。

表4-10　零售業（含批發業）與工業在國內生產總值的比重變化　　　　單位：%

年份	零售業（含批發業）		工業	
	占全國GDP比重	比上年的增長幅度	占全國GDP比重	比上年的增長幅度
2005	7.5	-2.6	41.4	0.5
2006	7.6	1.3	41.8	-1
2007	7.8	2.6	41.1	-1.7
2008	8.3	6.4	41	-0.2
2009	8.4	1.2	39.3	-1.7
2010	8.8	4.8	39.7	1
2011	9	2.3	39.6	-0.25
2012	9.3	3.3	38.3	-3.3
2013	9.6	3.1	36.9	-3.66
2014	9.8	2.1	35.9	-2.71

注：本表按當年價格計算

資料來源：中國統計年鑒（2015）。

小結

隨著電商的加盟與迅猛發展，零售業進入加速整合階段。電商零售巨頭通過聯盟與併購快速完成產業鏈整合，實體零售巨頭在經過多年的縱向整合與橫向擴張後，逐步介入與整合電商產業鏈。伴隨中國零售業產業鏈整合力度的不斷增強，大型零售商加快了規模擴張。零售業的產業鏈整合對大型零售商和全國零售企業績效都有深遠的影響。筆者通過對最近幾年數據的觀察後發現，隨著產業鏈整合的加速發展，大型零售商的市場集中度進一步提升，但利潤增長表現不一，以阿里巴巴為代表的大型電商利潤增長潛力最強，傳統實體零售商的盈利水平波動較大，並呈現下行趨勢；國內零售企業總體的利潤率與資源利用率進入平穩發展狀態，零售企業對GDP的貢獻不斷提高。

第五章　案例分析

本章案例研究數據主要依賴二手資料收集和調研。大部分數據資料來自阿里巴巴集團、百聯集團和蘇寧官方網站、國研網等，以及《中國零售業發展報告》《中國統計年鑑》等統計類出版物。

第一節　阿里巴巴集團案例分析[①]

一、阿里巴巴集團簡介

阿里巴巴集團是國內最大的網絡零售商，致力於為全球所有人創造便捷的交易渠道。自成立以來，阿里巴巴集團建立了領先的消費者電子商務、網上支付、B2B網上交易市場及雲計算業務，近幾年更積極開拓無線應用、手機操作系統和互聯網電視等領域。阿里巴巴集團以促進一個開放、協同、繁榮的電子商務生態系統為目標，希望對消費者、商家以及經濟發展做出貢獻。2014年9月，阿里巴巴集團公司在美國上市，並募資250億美元，這是美國證券市場最大規模的IPO交易。開盤當天，公司總市值達到2,383億美元，是僅次於谷歌的全球第二大互聯網公司。阿里巴巴擁有全球最大的電子商務交易平臺，涵蓋零售與批發貿易兩大領域，並成為全球商品交易額最大的網上及移動商務企業。阿里巴巴集團整合淘寶、天貓與聚劃算，形成「中國零售平臺」，並把阿里巴巴國際站、1688.com和速賣通分別打造成國際與批發貿易平臺、國內批發貿易平臺和國際零售平臺。

（一）阿里巴巴集團通過產業鏈整合構建了龐大的生態圈

阿里巴巴深根於電子商務領域，打造閉環生態的B2B、B2C、C2C平臺，

[①] 資料來源：本章節的數據和資料來源於阿里巴巴集團官方網站，相關分析源於對上述信息的整理。

通過一系列的企業併購和產業鏈整合，構建了龐大的產業鏈生態圈。這個生態圈，涵蓋了產業鏈上游的原料、設備和採購控制平臺（B2B），以及面向終端消費者的零售平臺（B2C、C2C）。阿里巴巴集團通過產業鏈整合，在國內網絡零售市場中處於絕對優勢（B2C 的市場份額近 60%，C2C 的市場份額超過 90%）。阿里巴巴集團利用其資本和信息技術優勢，將產業鏈整合範圍延伸到互聯網金融、生活服務、傳媒娛樂和醫療健康等多個與消費者息息相關的領域，戰略重心逐漸向電商服務端轉移。阿里巴巴集團目前的主要組成部分與將來的發展版圖如圖 5-1 所示。

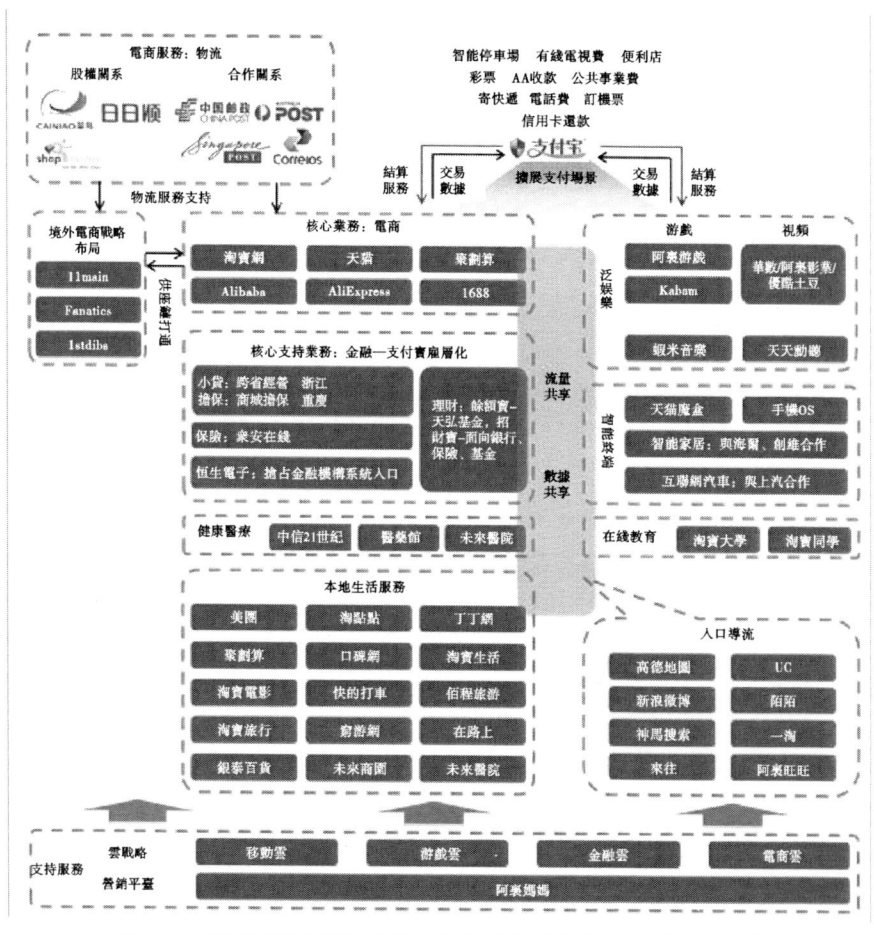

圖 5-1　阿里巴巴集團目前的主要組成部分和將來的發展版圖①

---

① 一張圖看懂阿里帝國未來版圖 [EB/OL]. [2014-09-09]. http://www.eguan.cn/cache/yiguantoutiao_196309.html.

阿里巴巴產業鏈整合初期，主要是建立了電商垂直業務產業鏈體系，完成電商、物流、支付三大核心體系的整合，奠定了產業發展的核心根基。在進一步的整合發展中，把對用戶商業核心數據的掌握作為突破口，通過資本運作的模式，圍繞用戶日常生活所能觸及的，並且可以留下行為數據的所有領域進行戰略投資，進而形成涵蓋一個普通用戶日常生活、商業、社交、學習綜合領域，包含吃、穿、住、行、用綜合需求的數據收集和匯總的產業鏈生態體系。

（二）阿里巴巴的業績

1. 經營業績呈快速增長趨勢

　　2009—2015年，中國網絡零售市場穩步發展，增長近十倍，網絡零售交易額占社會消費品零售總額的比重從2.1%提升到12.8%。作為網絡零售商老大的阿里巴巴集團，一直處於領先地位，並引領中國網絡零售發展。在此期間，阿里巴巴集團通過產業鏈整合，獲得了較好業績。根據中國電子商務研究中心數據統計，2009—2014年阿里巴巴集團業績呈快速增長趨勢[①]。2009—2014年，營業收入從38億元增長到525億元，六年增長近13倍；淨利潤從10億元增長到234億元，六年間增長了22倍多。見圖5-2、圖5-3。

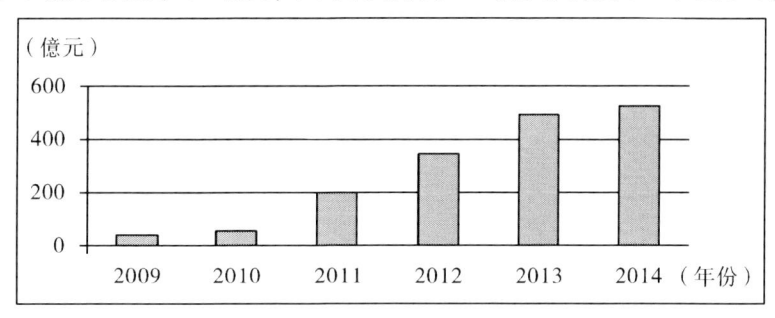

圖5-2　2009—2014年阿里巴巴集團營業收入

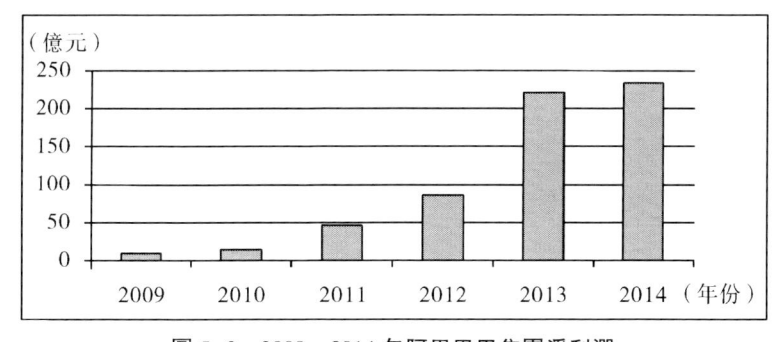

圖5-3　2009—2014年阿里巴巴集團淨利潤

---

① 根據中國電子商務研究中心數據整理。

2. 阿里巴巴集團穩居網絡零售市場的龍頭地位

對中國電子商務研究中心的監測數據進行整理分析可知，2013—2016 年，淘寶網在國內 C2C 網絡零售市場佔有率一家獨大，占全國 C2C 市場份額的 90% 以上；在國內 B2C 網絡零售市場（包括開放平臺式與自營銷售式，不含品牌電商），阿里巴巴集團旗下的天貓市場份額穩居第一，占據半壁江山，遠遠超越排名第二的京東商城（見表 5-1）。2016 年 4 月 6 日，阿里巴巴正式宣布已經成為全球最大的零售交易平臺。

表 5-1　　2013—2016 年中國 B2C 網絡零售商龍頭企業市場排名

B2C 網絡零售電商＼年份	2013 年	2014 年	2015 年	2016 年上半年
天貓（%）	50.1	59.3	57.4	53.2
京東商城（%）	22.4	20.2	23.4	24.8
唯品會（%）	4.9	2.8	3.2	3.8
蘇寧易購（%）	2.3	3.1	3.0	3.3

資料來源：根據中國電子商務研究中心監測數據整理。

3. 阿里巴巴的交易額與活躍買家不斷增加

2009—2014 年，阿里巴巴集團平臺成交額從 2,000 多億元增長到 1.68 萬億元，增長 7 倍（見圖 5-4），經過兩年的發展，到 2016 財年，交易額突破 3 萬億元，比 2014 年又增長近一倍；2016 年，阿里旗下中國零售平臺上的年度活躍買家達到 4.23 億元，比 2009 年增長近 3 倍。從現有活躍買家情況看，平均每 3.2 個中國人中，就有一位在淘寶、天貓購物。

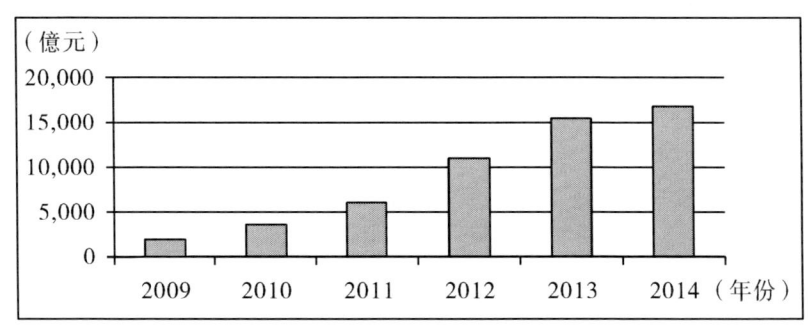

圖 5-4　2009—2014 年阿里巴巴集團商品交易額

4. 阿里巴巴產業鏈價值不斷提升

與沃爾瑪自營模式不同，阿里巴巴是一個平臺，為商家提供的價值，早已

從此前的銷售渠道，升級為多元化的商業基礎服務，包括大數據、雲計算等。而阿里平臺模式的價值也正在爆發。據不完全統計，天貓平臺已有逾 50 個商家意向啓動 IPO 計劃，阿里巴巴的關聯企業螞蟻金服以及菜鳥網絡均完成了新一輪巨額私募並獲超額認購。螞蟻金服擁有全球最大的支付平臺——支付寶，實名用戶已經超過 4 億，同時擁有中國最大的貨幣基金——余額寶。2016 年 4 月，螞蟻金服經過 B 輪融資后，其整體估值已達到 600 億美元（約合 3,896 億元人民幣）。經初步估計，螞蟻金服一旦上市，市值將突破千億美元大關。2016 年 3 月，菜鳥網絡宣布完成了首輪融資，其整體估值近 500 億人民幣。

二、阿里巴巴的平臺供應鏈整合

（一）構建信息共享平臺

阿里巴巴集團從戰略高度構建一個開放的、共享的交易平臺，公司負責制定平臺規則和維護平臺，並將產業價值鏈要素聚合到這個交易平臺；與零售終端共享商品資源和供應鏈資源信息，使得品牌廠商和廣泛的零售終端直接互動，也使得入駐的企業可使用阿里巴巴集團提供的一系列平臺工具，並且共享流量。見圖 5-5。

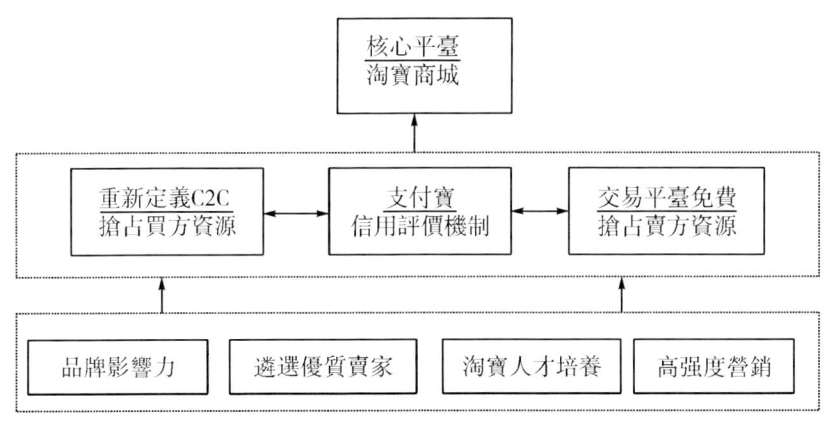

圖 5-5　阿里巴巴網絡零售的核心平臺

阿里巴巴集團通過信息共享平臺和免費交易平臺，搶占賣方資源，讓供應商成為阿里巴巴產業系統的利益共同體；C2C 業務模式極大地搶占買方資源[1]；為避免買方和賣方互動中出現機會主義和信用風險，阿里巴巴集團制定

---

[1] 蔣德嵩，單迎光，李夢軍，等. 中國在線零售業：觀察與展望（簡版）[EB/OL]. [2014-01-28]. http://www.aliresearch.com/blog/article/detail/id/18712.html.

了信用評價機制，進一步提升雙方的黏性和規模。

（二）整合供應鏈的消費者端

阿里巴巴集團從兩個角度整合消費者端：①搭建一個安全、便捷的「信息-支付-物流」購物流程；②整合數據信息端，利用數據技術和海量的信息資源，精準地捕捉客戶需求。為整合消費者端，阿里巴巴集團採取了一系列的收購活動（見表5-2）。

表5-2　　　阿里巴巴集團整合消費者端的主要收購活動

收購對象		內容	整合目標
社交與移動互聯網	UC、陌陌	UC交易估值43.5億美元。UC是國內第二大手機游戲平臺，瀏覽器活躍用戶人數近3億，具有較強的泛入口能力。	UC瀏覽器在移動端為阿里巴巴的電商等多個業務提供流量支持；補充高德在WAP端地圖市場的弱勢；全面布局移動通信；干預全網信息流的收集、整理和分發；提升阿里平臺的信息流價值。
	新浪微博	阿里巴巴以5.86億美元購入新浪微博約18%的股份。	整合用戶需求的前端，實現精準的用戶需求和精準營銷。
文化、生活領域	華數傳媒阿里影業，蝦米網和Tango、優酷土豆等，恒大足球等	在各自領域內擁有較多用戶和較高流量。	形成生態圈。產業上游：阿里影業、華數等控制內容資源和渠道。下游：蝦米網、優酷土豆、21世紀傳媒及原文化等形成宣傳和播放平臺，恒大淘寶足球隊強化品牌效應。
	高德地圖、丁丁網、美團網、餓了麼	阿里巴巴花費15億美元全資收購高德地圖。高德地圖擁有上億名用戶。2012年投資丁丁網。	整合移動客戶端；地圖數據是重要的人流入口，彌補了阿里巴巴在移動客戶端方面的弱勢；提供餐飲、酒店、娛樂、門票、交通等LBS服務。
	贊助世俱杯	成為國際足聯俱樂部世界杯。	2015—2022年的世俱杯獨家冠名贊助商。從2015年世俱杯起，世俱杯將正式被冠名為AlibabaE-Auto FIFA Club World Cup。

（三）整合供應商客戶端

阿里巴巴通過「淘工廠」整合供應鏈製造商客戶端平臺。例如，淘品牌

直接對接阿里工廠，一站式解決賣家的供應鏈難題，集結一批優質代工一線品牌的工廠，免費打樣，讓客戶體驗多款小批量試單，快速翻單。「淘工廠」主要通過5個方面來解決上述問題：邀請和激勵工廠或品牌商直接入駐，將線下的實體數據化；讓企業將產能商品化，並開放最近30天空閒檔期；柔性化程度高的企業將被「淘工廠」優先推薦；為入駐企業提供相應的金融服務（例如授信、擔保等），解決企業的資金困難。

（四）供應鏈端的物流整合

阿里巴巴集團與三通一達（中通、申通、圓通和韵達快遞）、順豐快遞戰略聯盟，構建菜鳥網絡，並將阿里大物流並入菜鳥。2013年，以18.57億港元投資海爾旗下的日日順（物流）[①]，投資海爾日日順后，阿里巴巴集團控制了全國2,800個縣級配送站、26,000個鄉鎮專賣店、19萬個村級服務站。阿里巴巴集團聯合銀泰集團、復興集團、富春集團及多家物流企業，啓動「中國智能物流骨干網」項目。2014年以2.49億美元投資新加坡郵政，占股10.35%，以7,000萬美元投資美國網購配送服務網站ShopRunner。上述項目開啓阿里巴巴集團整合物流市場的大幕，對高效率的供應鏈服務起著重要作用。

（五）基於供應鏈的金融服務

阿里巴巴通過供應鏈金融服務，整合供應鏈資金流，在商流、物流的基礎上做供應鏈金融服務。支付寶、余額寶和阿里金融控制的是資金流。阿里支付系統的費率非常低，支付寶手機錢包支付背後有數據交換，且數據價值越來越強。可以預期，阿里支付系統在未來商業格局中佔有重要地位。馬雲控股的浙江融信以32.99億元人民幣持有恒生電子20.62%股份，實際控制了恒生電子。恒生電子是傳統金融機構的最大IT供應商，並從交易系統、資金清算系統和風險控制系統等占據了金融產業鏈各主要環節。

---

① 日日順是要面向全社會提供第三方物流服務，這種大的格局，意味著日日順不僅服務於阿里，也會服務於1號店、京東等其他電商平臺；不僅服務於海爾，也將服務於其他家電品牌；不僅服務於大家電行業，也將服務於家居、建材等其他大件商品。這樣一種大格局的戰略思維在今后的運營過程中，將使日日順擁有巨大的客戶群體和市場規模。隨著整個社會對日日順大家電物流解決方案的認可度逐漸提升，日日順的經營成本必將大幅下降，進而吸引家電、家居、建材等更多行業的客戶。到那時，阿里必然會對蘇寧、國美和京東造成巨大壓力，迫使它們做出戰略再調整，上演新一輪的電商物流競賽。（資料來源：曹卓君. 阿里＆海爾，巨頭牽手升級物流競賽[J]. 銷售與市場，2014（2）：72-74.）

三、整合國外電子商務平臺，進一步提高市場勢力

在縱向整合的同時，阿里巴巴為增強電子商務平臺規模，實施了一系列的收購和整合活動，進一步提高市場勢力。

例如，2010 年，阿里巴巴收購了美國加州電子商務服務提供商 Auctiva 和 Vendio 公司。Auctiva 是一個依託於 eBay 的公司，主營業務是幫助其客戶更好地在 eBay 上發布產品、管理產品和達成交易；Vendio 公司是一家位於美國加州硅谷的 B2C 公司，該公司擁有超過 8 萬的用戶，年銷售額超過 20 億美元。借助 Vendio 平臺，阿里巴巴在美國的「速賣通」網站可以把觸角伸到銷售終端。這兩家公司主要服務 ebay 上開店的小企業，可以直接為阿里巴巴帶來 25 萬的優質買家。

四、電商產業鏈與零售業產業鏈的整合

阿里巴巴擁有強大的 O2O 入口實力。手機淘寶、支付寶錢包、UC、高德這四款產品已讓阿里巴巴牢牢掌控了四大 O2O 入口，這四款產品交叉覆蓋為阿里巴巴集團的整合奠定了強大技術基礎。

2014 年，阿里巴巴與華聯股份進行戰略合作。華聯股份的零售特徵是以社區型購物中心為主，阿里巴巴嘗試在流量、營銷、會員、數據、支付等層面與其展開合作，最終建立 O2O 合作關係；同年 5 月，阿里巴巴集團將以 53.7 億港幣戰略投資香港上市公司銀泰商業，聯手打造 O2O 全產業鏈，並約定在未來三年內，阿里巴巴集團最終在銀泰商業的持股比例不低於 25%，最多將占到 26.13%，成為第二大股東，其持股比例與第一大股東非常接近。截至 2013 年年底，銀泰商業共經營 30 多家門店，擁有近 1,000 萬個商品數據以及 150 萬名會員的數據信息系統。2015 年，阿里巴巴以 283 億元入股蘇寧雲商，並成為蘇寧第二大股東，持股 19.9%。蘇寧雲商輻射全國近 1,700 家門店，擁有龐大的城鎮服務站，因此，阿里巴巴集團獲得了線下蘇寧雲商的零售閉環平臺，這更有利於打通線上和線下，實現無縫對接。

五、阿里巴巴集團的國家價值鏈整合與升級

隨著阿里巴巴集團主導的產業鏈整合布局完成，產業鏈之間的競爭也將加

劇，如何推動產業價值鏈的升級，成為產業鏈整合的重要內容。把產業鏈嵌入國家價值鏈和全球價值鏈，實施多元化市場戰略，有效避免「被俘獲」，在全球價值鏈升級中獲得有利地位。

(一) 阿里巴巴集團在國內激烈的競爭中勝出

通過國內激烈的競爭，阿里巴巴成功實施了國內產業鏈整合，已經擁有完整的產業鏈和國內市場，控制產業鏈關鍵環節，具備進一步整合國家價值鏈的實力。激烈的國內競爭是整合國家價值鏈的一個重要前提，要在激烈競爭中勝出，大型零售商需具備較強的整合能力。在國內，阿里巴巴、京東商城、騰訊等電商經過一輪又一輪的「圈地」整合，形成了一定的市場勢力和品牌影響力。例如，在產業鏈整合中，阿里巴巴與京東互相緊跟並錯位競爭。筆者將相關情況整理到表5-3中。

表5-3　　阿里巴巴與京東在產業鏈整合中的競爭情況

公司	阿里巴巴	京東
產業鏈金融整合	支付寶、余額寶[1]和阿里金融（供應鏈金融）。	收購第三方支付網銀在線；成立獨立的金融集團做供應鏈金融。
供應鏈消費者端整合	巨資收購新浪微博、高德地圖和UC等；投資美團網、陌陌、丁丁網、蝦米網和Tango等。幾乎所有與終端消費者貼近的領域，阿里巴巴都有投資、布局。	騰訊入股京東商城，幫助京東發展移動電商業務，為京東提供移動平臺應用支持，將在手機QQ、微信等戰略級移動產品上，為京東提供一級入口支持。騰訊目前所有的電商業務，如B2C平臺、QQ網購，以及中國第二大C2C平臺（拍拍網）以及物流業務將全部整合進京東。

---

[1]　2014年6月30日，余額寶規模達到5,741.60億元，使余額寶依然是國內最大、全球第四大貨幣基金，這也使得天弘基金公募資產管理規模達到5,861.79億元，位居國內公募基金之首。

表5-3(續)

公司	阿里巴巴	京東
供應鏈供應商端整合	例如,「淘工廠」① 通過連接電商賣家和工廠,將懂電商但不懂供應鏈的淘寶賣家,和懂供應鏈但不懂電商的工廠撮合起來。解決找工廠難、小單試單難、翻單備料難、新品開發難等問題。	擅長產品流管理,通過與供應商簽訂具有排他性的協議條款,或簽訂基於供應鏈管理服務的定制化產品銷售協議,或基於信息流管理服務的供應鏈協議(如優先調取供應商庫存)實現。
供應鏈物流整合	整合三通一達、順豐,構建菜鳥網絡;巨額投資海爾旗下的日日順、ShopRunner 和新加坡郵政。	投巨資自建物流網絡,已擁有1,400個配送站及超過1.5萬名配送員。
傳統零售業產業鏈與電商產業鏈整合	阿里巴巴已同銀泰商業、蘇寧、華聯股份、新世界百貨、王府井達成合作。打通手機、電腦線下零售消費路徑,共同探索全新的移動化、電商化消費模式。	整合傳統零售產業鏈:與唐久超市、快客、好鄰居、良友、每日每夜、人本、美宜佳、中央紅、一團火、今日便利、利客連鎖便利店品牌合作,涉及門店 11,000 多家,涵蓋全國眾多城市。用戶下單後後臺系統自動匹配與用戶所填地址最近的便利店進行送貨。

阿里巴巴基於龐大的國內市場勢力成為全球知名企業。基於對中國本土市場的挖掘,阿里巴巴打破了必須模仿美國模式才能做出大的互聯網公司的局面,探索出了一個由中國人自主創新並被全球高度認可的互聯網服務模式。在這個成長過程中,阿里巴巴來自中國國內的收入占其總收入的90%。這表明強大的市場規模效應對分銷、服務、品牌等高端環節的升級有著特殊的作用。

(二)阿里巴巴集團擁有較好資本儲備和知識積累

2014年,阿里巴巴在美國發行股票募資250億美元,巨額資本為國家價值鏈整合提供了較好的資本基礎。阿里巴巴基於多年的自主創新,構建了一個開放的商業生態平臺。該平臺輻射全球市場的電商生意平臺,同時,圍繞該平

---

① 「淘工廠」主要通過5個方面來解決客戶端整合:一是邀請工廠入駐,將線下工廠數據化搬到線上,並提供的工廠信息進行第三方驗證。二是讓工廠將產能商品化,開放最近30天空閒檔期,讓電商賣家快速搜索到檔期匹配的工廠。三是優先推薦柔性化程度高的工廠。四是金融授信加擔保交易解決交易難題。淘寶賣家支付貨款使用阿里授信額度,大筆交易全款支付,不用再擔心資金問題。買方可憑信用證收回全款。如果發生賣家店鋪倒閉,阿里金融承擔損失,並向賣家追償。五是交易規則保障。入駐「淘工廠」平臺需要交納一筆生產保障金,保障賣家成品的質量和交期問題,如果發生交易糾紛,依據合同條款和平臺規則,平臺介入處理。

臺還建立了一個覆蓋用戶家庭生活、工作娛樂的生態圈，將阿里巴巴的電商、游戲（雲游戲）、即時通信與社交（來往）以及資訊獲取的語音遙控等家庭互聯網全面打通，形成一個橫跨多個領域、多個行業，直擊家庭生活的生態圈。現在阿里巴巴已經完成了將中國製造的各類商品賣到全球各地的初步目標，最終目標是「賣全球和買全球」，建立一個全球的生意和生活平臺。

在全球價值鏈競爭中，跨國巨頭通過打造競爭壁壘（知識產權保護和專利池體系等）獲取競爭優勢，進而控制產業鏈。阿里巴巴、京東商城等為避免這種局面，依託本土市場，打造新的產業鏈，構建專利、市場標準和技術規範，這有利於繞開競爭對手打造的壁壘。

(三) 阿里巴巴集團獲得地方政府的大力支持

浙江省政府推動電商換市，有利於阿里巴巴進一步整合全國市場。「電商換市」不是簡單地「換」掉市場，它的內涵十分豐富，包括浙貨銷售電商化、居民消費電商化以及各類服務電商化。它是浙江省委、省政府從戰略和全局高度做出的部署，在全國屬於首創。針對國內市場，浙江省制訂了《浙江省電子商務拓市場實施方案》，未來在淘寶網的「特色浙江」商品館內，將開設全省11市的特色商品館。浙江省將在阿里巴巴國內貿易平臺建設若干「產業帶」。產業帶是阿里巴巴推出的與政府合作的項目之一，它融合了地方特色的產業集群、批發市場和市縣單位等，旨在幫助中小企業開展網絡分銷、批發等業務。阿里巴巴作為目前國內最強大的第三方平臺，擁有全國最好的B2B平臺資源支持，對於企業開拓網絡市場有著巨大的吸引力，各地政府都在積極爭取將本地的特色產業注入阿里巴巴產業帶，以盡快拓展網絡市場份額，進一步提高產業知名度和影響力。中國約85%的網絡零售，70%的跨界電子交易和60%的企業電商交易，是用浙江電商平臺完成的。當然，面對未來經濟信息化、電子商務化的發展趨勢，國家在傳統基礎設施建設之外，應該更加重視電子商務基礎設施建設，完善電子支付、電子商務誠信體系等支撐環境的發展，這將對阿里巴巴的整合能力帶來深遠影響。

浙江省開展電子商務進萬村工程，通過建設農村電子商務綜合服務平臺、縣級區域配送和服務中心、農村服務點等三級網絡體系，加快推進浙江省農村電子商務應用，為農村居民提供網絡代購和農產品銷售等服務，構建農村現代流通體系，推動完善城鄉消費服務體系。該工程重點依託阿里巴巴、淘寶網等電子商務平臺，積極發揮其他優勢電商平臺的作用，結合浙江產業特色和產品優勢，加快構建覆蓋農產品、工業品、服務產品等多層次、多領域的浙貨網絡銷售體系。具體包括：①以淘寶「浙江特色館」建設為重點，擴大農特產品

網上銷售；②以阿里巴巴「浙江產業帶」建設為重點，推進網上採購批發市場建設；③以開設「天貓旗艦店」為重點，全面推進品牌浙貨的網絡零售業務；④依託阿里巴巴的「聚劃算」開展「匯聚浙江」活動，進行浙貨網絡大促銷。杭州作為首批5個跨境貿易電子商務試點城市之一，已建成並運行全國首個跨境電子商務產業園，而阿里巴巴擁有全球最大的B2B跨境電商平臺和中國最大的B2C交易出口平臺「速賣通」。下一步，可探索以政企合作形式建立電子商務自貿區平臺，加快跨境電子商務產業發展。

（四）阿里巴巴集團定位於「國家企業、國家品牌」

在阿里巴巴的發展戰略中，阿里巴巴被定位成「國家企業」①。例如，三星、谷歌和奔馳等企業，它們分別代表韓國、美國和德國的國家企業與國家品牌。阿里巴巴超過95%以上的收入來自中國，需要加大跨境電商的發展，使其更多的收入來自海外，令其品牌逐漸由行業品牌升級為國家品牌。

（五）阿里巴巴從網絡零售商逐漸升級為全產業鏈服務提供商

阿里巴巴利用其信息資源優勢干預、影響產業鏈環節的主要活動，逐漸成為主導產業鏈系統架構與優化的服務提供商（見圖5-6）。

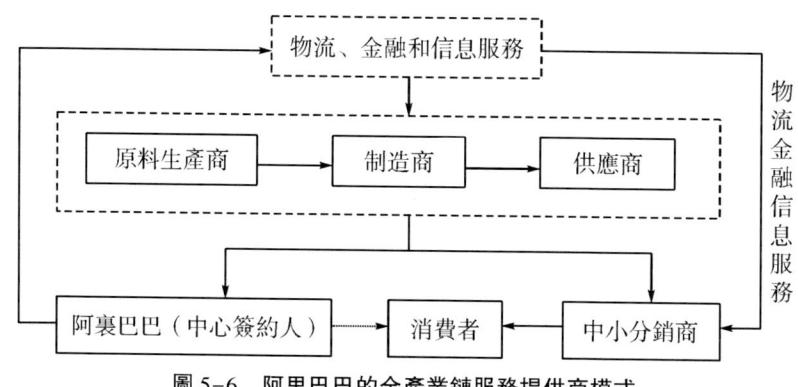

圖5-6 阿里巴巴的全產業鏈服務提供商模式

首先，在消費者經濟和信息化時代，阿里巴巴憑借其龐大的渠道與網絡系統擺脫了傳統交易中介角色，進而扮演起了組織生產、引導消費的產業鏈領導者。阿里巴巴分別為消費者、製造商和供應商提供消費者服務和生產者服務，對供應商、中小分銷商、製造商等提供全產業鏈組織服務（如信息流、物流和資金流服務，品牌、評價、質量監控和標準制度等服務），成為生產者與消

---

① 馬雲. 阿里要像「國家企業」一樣，活得好更要長久 [EB/OL]. [2014-12-31]. http://i.wshang.com/Post/Default/Index/pid/36708.html.

費者之間的「中心簽約人」角色。其次，阿里巴巴介入研發及創意、製造、物流、營銷和消費整個價值鏈的整體優化過程中。再次，作為服務提供商的阿里巴巴將不再以產品為核心，而是以需求為主線，通過對客戶需求預測和客戶關係管理，及時把握客戶需求變動和更新，整合各供應商、製造商資源及能力，向產業鏈各環節的客戶提供完善的一體化服務，實現價值創新，並建立起以服務為核心的信息流通網絡。最后，阿里巴巴介入供應商與製造商的價值鏈服務（如銀行收單、電子貨幣交換、第三方物流、金融服務、網絡營銷和大數據服務等）涉及的價值鏈更長，為各方帶來增值服務，使得產業鏈組織的能力也更強。除提供基本買賣交易服務之外，能夠為各方帶來增值服務。因此，阿里巴巴通過成功的產業鏈整合，可以成為國家價值鏈整合的主導者，依託國內龐大的市場，推進國際品牌建設和嵌入全球價值鏈升級。

第二節　百聯集團案例分析[①]

一、百聯集團概況

百聯集團是中國上海市屬大型國有重點企業，由原上海一百集團、華聯集團、友誼集團、物資集團合併重組為大型國有商貿流通產業集團，掛牌成立於 2003 年 4 月。百聯集團的重組是中共上海市委、市政府站在建設國際經濟、金融、貿易、航運中心和現代化國際大都市國家戰略的高度，應對中國全面開放零售業市場和服務貿易領域帶來的嚴峻挑戰，增強大型國有企業的活力、影響力和帶動力，打造上海現代服務業新高地的重大舉措。百聯集團註冊資本 10 億元，總資產 800 億元。主要業務涵蓋主題百貨、購物中心、奧特萊斯，大型賣場、標準超市、便利店、專業專賣等零售業態，經營有色金屬、黑色金屬、汽車、化輕、機電、木材、燃料等大宗物資貿易，涉及電子商務、倉儲物流、消費服務、電子信息等領域。百聯集團在最近十多年中，依靠行政手段和資本推動，完成了產業鏈第一階段的縱向整合與橫向整合。經過第一階段的縱向、橫向整合，百聯集團控股了百聯股份（A、B 股）、聯華超市（H 股）、上海物貿（A、B 股）、第一醫藥（A 股）、復旦微電子（H 股）、華嶺股份等 6

[①] 資料來源：本章節的數據和資料來源於百聯集團官方網站，相關分析源於對上述信息的整理。

家境內外上市公司，擁有以上海為中心、輻射長三角、連接全國 20 多個省、自治區、直轄市近 6,000 家經營網點，從業員工近 20 萬，是中國最大的國有商貿流通產業集團。百聯集團現位列中國零售百強第 1 名，並於 2013 年晉級世界 500 強。

產業鏈整合的傳統驅動力是資本，百聯集團利用行政資源與資本實力，成功地完成第一階段的整合。但隨著互聯網技術和電子商務的快速發展，百聯集團的產業鏈整合出現了新的變化和挑戰，由於知識和技術驅動力不足，在跨鏈整合和進一步的價值鏈升級中遇到了一系列的瓶頸問題。當然，互聯網對傳統零售的衝擊，並不是零售實體店被互聯網淘汰，而是實體店必須與互聯網融合。

二、基於顧客價值導向，構建消費者服務平臺

百聯中環購物中心試點推出的 Locas，是一款功能全面、超越微信訂閱號的本地化服務平臺，為消費者提供商場地圖導航、消息推送、停車查詢、優惠服務等一系列的功能和服務。友誼股份將在滬上其他門店逐步推廣這一系統。實體門店的職能將轉變為顧客體驗的一部分。實體門店仍然是零售行業的核心，但實體門店不再是購物的終點，而是愈發成為一個範圍更大的、互聯性更強的顧客體驗的一部分。這種轉變就要求零售企業對運營模式進行重新思考。比如，在美國和英國等成熟的多渠道市場中，多數大型零售企業已經不再進行單一渠道銷售，而是成為「品牌和產品的櫥窗」，為所有渠道中收入的提高做出貢獻。

三、產業鏈要素整合，提高運營效率

（一）資本要素整合：「零售資本運營商」

百聯充分利用其品牌優勢，通過資本和管理輸出，把友誼股份打造為「零售資本運營商」，實現了百貨業拓展模式和盈利模式的創新。同時，通過「輸出管理+約期股權收購」的方式與房地產開發商進行合作，實現了開發商、供應商和百聯的多贏、共贏。百聯集團與中國銀行、陸家嘴金融發展有限公司合資組建了全國首批、上海首家消費金融公司。2010 年 7 月，第一家服務網點在上海第一八佰伴對外營業，推出首款消費金融產品「新易貸」，有效拉動內需，促進消費和金融的融合發展。2012 年 9 月，百聯集團財務有限責任公

司（以下簡稱百聯財務公司）公司正式獲國家有關部門批准設立，這是全國商務系統獲批新設成立的第一家財務公司。該公司成為百聯集團產融結合新載體和業務新增長點，也是百聯創新商業模式的又一大手筆。百聯財務公司將為百聯集團搭建一個全新的資金集約平臺，充分發揮內部資金集約功能，為企業加快發展、提高效益提供有力的金融服務，實現資源效應的最大化，開創更廣闊的贏利模式和空間，為百聯的騰飛提供強勁的引擎。

（二）推動商務電子化，提升技術要素水平

百聯集團的「商務電子化」，非單純發展「電子商務」，其核心是重點打造引流、轉換、支付、會員等關鍵環節。百聯集團新任董事長及總裁把商務電子化作為集團轉型的一個重要戰略，上任之初便率先成立百聯電商推進建設領導小組。「商務電子化」包括兩個方面：一方面是搭建平臺，服務百聯集團旗下各業態；另一方面是以支付為抓手，發揮百聯集團現有 OK 卡作為第三方支付手段的優勢。

首先，整合各業態系統。百聯圍繞業態系統整合的需要，聚焦消費群和門店群，多維度、多角度、立體化地研究顧客場景，發揮一線營業員在引流方面的作用；打通物流、支付結算等平臺，把各個集團業態下的門店、商品、會員、社區建設成一個生態圈；評估具體品類策略、引流目標以及轉換方式。

其次，優化支付系統，促進資金流與信息流資源整合。百聯已基本擁有了在線業務的虛擬店鋪形式，但是缺乏一個集成性、移動支付、口碑強的支付卡體系。百聯集團擁有第三方支付牌照，具備打造整合電商產業鏈的資源整合工具。

最後，自主創新發展電子商務。百聯電商自主開發其應用系統，這些系統都是根據業態整合和運行需求開發的，如第三方支付系統（安付寶）、會員系統（OK）和物流配送系統等，自主電商系統擁有 10 多項軟件著作權、軟件產品證書。百聯集團旗下的友誼股份已基本完成滬上三十余家百貨、購物中心、奧特萊斯門店的 WiFi 全覆蓋改造工作。百聯現代物流有限公司創新電子標籤，利用 RFID 技術對物流倉儲業務進行了流程再造、優化，是物流領域中一項革命性的重大技術突破。該項目分別被列入 2007 年上海市引進技術的吸收與創新項目及 2009 年上海市高新技術產業化重點項目計劃，並獲得 2 項專利。如今，現代物流公司運用 RFID 技術後，配送中心上架準確率達到 99.99% 以上；收貨操作時間比傳統模式縮短 40%；上架操作速度提高 66%；補貨、揀貨速度提高 95%；庫存盤點效率提升 40%。此外，現代物流所屬長橋公司配合世界 500 強美國 BT 公司，研究開發了醫藥產品電子監管碼系統。通過實施藥監

碼，每月的收貨及時率、發貨準確率、發貨及時率、庫存準確率均達100%；客戶設定的產品破損率目標值是0.008%，而他們達到了0.003%；托盤破損率目標值5%，實際為1%。

(三) 整合商品流：「注重商品經營」

百聯集團加大自主品牌開發和自營比重，加強控制貨權。但是過高的自營比例也不符合現實條件。隨著商品的品類越來越多以及消費者越來越挑剔，高比例發展自營業務需要持續不斷的資本支持，加上採購、商品管理、市場推廣、品牌建設的重任，百聯集團可能難以承受。目前百貨商場或購物中心都採取聯營而非自營的經營模式，商品的貨權掌握在各大品牌商或者代理商手中。一般而言，每家商家至少有一兩百個品牌商，而有些品牌商又有多家區域代理商，相同的品牌可能各地代理商又不相同。百貨商場或購物中心讓他們每家將商品庫存情況開放給其經營者，有利於整合商品流，讓消費者清楚知道中意的某個款式某個顏色在哪個店鋪有貨。但由於品牌和商家眾多，統一的協調工作將是一個浩大工程。

(四) 物流、採購系統整合

百聯電商與東方航空物流有限公司（以下簡稱東航物流）進行戰略合作。東航物流擁有龐大的全球航線網絡，百聯電商可充分利用東航物流產地空運直達的優勢和快遞配送網絡，做好做大生鮮類商品的全球化集約採購。

百聯電商與錦江國際餐飲投資管理有限公司（以下簡稱錦江國際餐投）組建戰略聯盟，充分利用其商品採購體系和物流體系，降低採購成本。錦江國際餐投將通過百聯電商的商品採購體系，最大限度地發揮規模採購的優勢，在更大範圍內選擇質優價廉的相關品類的商品，降低採購成本。同時，其還可成為百聯電商平臺的供應商，旗下相關品類的商品包括錦江國際集團的自有品牌商品可在百聯E城上銷售。此外，百聯電商還將通過錦江國際餐投，拓展其對外提供餐飲經營管理服務的新模式。據介紹，將來，在錦江國際餐投的線下經營場所還會安裝百聯E城專用的網購電腦終端，光顧酒店或就餐的顧客可在終端上網購商品。百聯電商聯合社會的商業資源，和商業集團緊密捆綁，做大網絡銷售以及品牌。

(五) 整合醫藥商業零售鏈

為整合醫藥商業零售鏈，百聯集團與上海醫藥集團（以下簡稱上藥集團）簽署了戰略伙伴合作協議。上藥將與百聯集團共享零售門店、供應渠道、物流、信息系統等產業資源，並相互給予非主業資產收購優先權，共同打造中國領先的現代健康服務業，實現醫藥企業和商業零售企業的合作創新。上藥集團

的產品進入百聯集團的百貨公司和零售網點，這將豐富原來醫藥零售業的商品種類，對其他商品銷售也有帶動作用。同時，上藥的部分產品採購將轉向百聯集團。百聯集團與上藥集團的合作，有利於百聯集團發展其大健康產業，推動產業鏈整合與升級。

（六）整合全渠道電商平臺

2016年5月，百聯集團i百聯全渠道電商平臺正式上線。作為以實體零售為立足點，拓展全渠道、全業態、全客群、全品類、全時段的上海區域垂直電商平臺，i百聯平臺將圍繞「雲享生活」的核心理念，為滬上消費者帶來觸手可及的新時代海派品質生活。i百聯平臺的上線也標志著傳統國企轉型與零售消費領域創新的新方向。百聯將充分利用已有的4,800家線下實體資源，發揮近10萬名零售從業人員的優勢，把握每年超過10億的線下客流，運用互聯網技術和平臺，更加便捷消費者、滿足消費者、服務消費者，實現實體商業核心能力的重構[1]。

四、產業鏈整合中存在的問題與挑戰

（一）來自電商產業鏈的挑戰

以阿里巴巴、京東、騰訊為首的電商產業鏈不斷整合傳統零售產業鏈，攜信息、知識、技術和資本優勢在國內建立了強大的市場勢力，通過平臺的打造，全方位地貼近和服務消費者，構築和搶奪「前端的入口（信息流）+後端的支付環節（現金流）」，逼迫傳統零售商在這個過程中，扮演的更多是中端主體，即商品流的環節。中國電商企業與傳統零售業的快速成長歷程幾乎是同步的，從20世紀90年代末到2014年這十多年，伴隨著中國傳統零售業的發展，電商企業經過一系列的整合逐漸發展壯大。現在，阿里巴巴不僅僅是網絡零售商，它已形成涵蓋普通用戶日常生活、商業、社交、學習等多領域，包含吃、穿、住、行、用綜合需求的數據收集和匯總的產業鏈生態體系。

（二）供應鏈兩端的「脫媒」問題

現有供應鏈主要由供應商、代理商、渠道商三方組成，供應商關注商品供給的區域分配以及價格體系的維持，代理商負責銷售渠道的開發和維護，渠道商則重視商品品類的選擇、銷售和管理，三方已基本形成穩定的合作模式。電

---

[1] 徐程. 百聯集團i百聯全渠道電商平臺正式上線[EB/OL].[2016-05-19]. http://news.163.com/16/0519/14/BNEF9I7000014AEE.html.

子商務則極大地縮短了品牌商和消費者之間的距離，自有品牌商通過電子商務組建虛擬渠道，降低了品牌商對渠道的依賴。在互聯網與電商的沖擊下，原有供應鏈關係面臨重塑，這將為線下零售企業帶來較大壓力。同時，線下零售企業與零售電商企業的聯合，將導致三方力量的重新評估，從而動搖三方現有合作模式。

（三）系統內電商業務的整合問題

百聯現有電子商務業務分散於旗下各個業務板塊中，對信息流、資金流的整合效率低。百聯股份旗下有網上商城，聯華旗下有聯華易購，還有擬建設的原材料電子商務交易平臺。新的電子商務部直屬於百聯集團總部旗下，該平臺要整合旗下各個業務板塊中的電子商務業務，又涉及旗下超市、百貨和物貿等各家上市公司利益，因此，其工作敏感且比較棘手。聯華OK卡擁有巨大資金沉澱優勢，不僅在百聯系統內得到強力的推廣，系統外加盟商戶的增加也非常迅速，它是未來電商資源整合的工具。因為涉及聯華電商、百聯電商的股東分別涉及百聯集團在香港的上市公司聯華超市、內地的友誼股份、百聯股份。因此，在未來整合中，OK卡權屬將涉及多家上市公司的利益分配。

（四）線上線下業務的矛盾

線上線下業務的進一步發展或將受到供應商及代理商的抵制。首先，網絡渠道在流量上的絕對優勢以及對支付渠道的有力把控，或將導致線下零售企業后臺毛利的轉移，從而迫使線下零售企業的傳統盈利模式發生重構；其次，線下零售企業尚未形成針對線上線下銷售人員的公平的考核機制，線上訂單對線下直銷的沖擊或將引發銷售人員的抵制，從而導致線下零售企業自身銷售能力及服務質量的下降；最後，產品價格信息的充分共享以及物流配送廣泛覆蓋，將會打亂地區價格隔離機制，從而沖擊現有價格體系並降低代理商在流通環節中的地位。

目前O2O模式推行的困難和阻力：第一，傳統線下零售的利潤結構主要由流水倒扣和場地租金組成，所有經營活動都圍繞著這個利潤結構展開；但推行O2O后，線下經營和線上業務融為一體，意味著這種利潤結構要發生變化，對企業的管理能力、協調能力提出極大挑戰。第二，傳統零售企業強調強悍的流程管理和執行，這已經成為它的文化基因，但這種優勢與線上經營存在衝突，可能會變成一種劣勢。第三，需要爭取供應商的支持。

五、進一步提升整合能力的趨勢與策略

（一）不斷提高自營能力，發展自有品牌

聚焦主業，回歸零售本質，適應多樣化消費需求日益增長趨勢，不斷提高自主經營能力，發展自有品牌，逐步提高自有品牌經營比重，掌握商品定價權，提升企業贏利能力。世界零售業的盈利中心都在向上游供應鏈轉移，讓利給消費者，中國百貨業大行其道的聯營制卻仍以銷售額至上，中國百貨業傳統增長模式——靠聯營扣點的模式已經走到了盡頭。日本學術界企業界幾乎沒有爭論的是，百貨店在日本的衰退和日本的聯營制有直接關係。

商場自營模式對百聯集團的運營是巨大的考驗。在聯營模式下，百貨企業的管理重點是商場運營。而在自營模式下，百貨企業要對消費者需求有精準的定位，並擔負起採購、商品管理、市場推廣、品牌建設的重任。

從聯營走向自營的困難很大，特別是在一線大城市，百貨很難做到完全自營。因此，可探索自營與聯營有機結合的新模式，重點在三、四線城市突破，三、四線城市有比一、二線城市更適合自採自營模式生長的市場土壤。可嘗試首先取得賣場的控制權，然後取得賣場的銷售權，最後逐漸控制賣場的定價權。

（二）未來趨勢是進化為綜合服務商，主導國家價值鏈整合

百聯集團是中國最大的傳統實體零售商，經過激烈的市場競爭和產業鏈整合，已逐漸成為華東區域傳統零售業產業鏈的主導企業。中國傳統零售的市場集中度仍然較低，零售產業鏈需主導企業進一步整合。城鎮化和三、四線城市發展，為百聯集團成為零售產業鏈的主導企業提供了龐大的國內市場機會。百聯集團未來發展趨勢是進一步提升產業鏈整合能力，主導國家價值鏈整合，進化為綜合服務商。

1. 演進為全渠道服務商

（1）隨著信息技術進入社交網絡和移動網絡時代，移動互聯網、大數據、雲計算等技術快速發展，以電子商務為核心的服務商不僅改變了用戶的消費行為和消費需求，而且使商家可以精準、快速地滿足這些需求。百聯集團可走出一條與阿里巴巴等企業有所不同的O2O道路。

（2）百聯要充分發揮其渠道眾多的優勢，打造供應鏈、物流網、物聯網、雲平臺共通的業務鏈；為顧客打造全時段、全業態、全品類、全渠道的「四全」購物生活，並最終形成全渠道服務商經營模式。

（3）以消費者為中心，強調體驗消費。在店面布局上以購物體驗為導向，全面建設互聯網化的門店。比如：店內設有免費 WIFI、電子價簽、多媒體電子貨架，滿足全局體驗需求；建立全資源的核心能力體系，滿足用戶在售前、售中和售後的全流程體驗需求；運用移動互聯網、物聯網、大數據等技術，滿足消費者個性化需求。以信息技術的進步為紐帶，線下開闢超級店、旗艦店、生活廣場等，為消費者提供展示、體驗以及購物提貨的平臺。在供應鏈方面，改變以談判博弈為主導的模式，向以用戶需求為驅動的商品合作模式轉型。開放平臺為上游企業商戶提供天貓、京東以外的差異化選擇，實現與門店體系供應鏈和后臺系統的共享，使其供應鏈能力得到進一步強化。

（4）百聯電商功能升級，使其成為全渠道服務的中心平臺。整個平臺完善後，其功能就不再是簡單的資源配置和引領價格發現者，而是一個高端的且或者融合了各種類型的利益主體進行交易、生產的供應鏈。貿易不再是原來的傳統貿易，而是追求金融資本、人才資本、技術資本和信息資本的融合。

2. 最終演進為產業鏈綜合服務運營商

順應商業流程再造趨勢，百聯集團逐步由單一貿易功能向採供、貨運、配送、貿易、金融、信息等服務功能拓展，形成集物流、商流、資金流和信息流於一體的產業鏈服務運營商。百聯要進一步提升整合能力，需融合金融、物流和製造等企業，依託國內龐大的市場和政府資源，構建全國經營網絡、「上控資源、中聯物流、下控零售」的跨鏈整合，整合國家價值鏈；嵌入全球價值鏈，逐步在全球範圍內獲取原料、技術和市場，有效抑制供應鏈兩端的「商業脫媒」。產業鏈服務運營商只有少數控制力較強的企業能做到。在產業鏈綜合服務運營商模式下，大型零售商是生產者與消費者之間的「中心簽約人」，具有複合型服務功能，並體現了價值鏈創新。具體分析如下：

（1）產業鏈綜合服務運營商模式體現了價值鏈創新。與供應鏈服務提供商運營模式相比，產業鏈服務運營商涉及的價值鏈更長，產業鏈組織能力也更強。它的商業模式也更為靈活，有更多的盈利點，如生產過程服務收益、訂單收益、設計服務收費、組織運行收費、數據分析收費、金融服務收費等。

（2）大型零售商具有同時向供應商與消費者雙方提供一系列交易服務的複合型服務功能，並有效地促進供需雙方在其提供的平臺上實現交易，拓展供應商與消費者之間的交易集合。大型零售商在產業鏈中承擔起從商品或服務的研發及創意到製造、物流、營銷和消費的整個價值鏈的整體優化功能。大型零售商在產品管理、信息化、客戶管理、顧客到達等提供中間服務的能力方面不斷增強，而如何運用這種能力是大型零售商約束和治理上下游渠道關係以及提

高關係的價值核心要素。大型零售商將整合供應鏈、大數據、物流和金融四大平臺，與供應商、消費者、中小零售商和雇員等建立新型共生關係，重塑全新的零售生態系統。

（3）在新技術的推動下，零售商與供應商之間不再是簡單的買賣關係，零售商通過建立透明的流程規範、實時的信息共享、社會化大 ERP，向供應商提供客戶、市場深度數據分析服務和供應鏈金融服務。以零售商為主導的供應鏈協同模式即將形成，流通業的主導地位將會凸顯。大型零售商通過幫助其他中小零售企業更簡單、深入地瞭解業務，洞悉消費者的消費習慣，定制更為精準的忠誠度計劃，同時讓他們加入豐富的商品品類，宣傳自身的零售品牌，從而與他們建立共生的合作關係。

第三節　蘇寧雲商案例分析[①]

一、公司概況

蘇寧雲商是全國領先的商業服務企業，依託覆蓋全國的線下連鎖網絡以及線上電子商務平臺，為廣大消費者提供「隨時、隨地、隨需」的品質購物體驗。經營商品涵蓋傳統家電、消費電子、百貨、日用品、圖書、虛擬產品等綜合品類，線下實體門店 1,600 多家，線上蘇寧易購位居國內 B2C 前三，線上線下的融合發展引領零售發展新趨勢。

圍繞市場需求，按照專業化、標準化的原則，蘇寧電器形成了旗艦店、社區店、專業店、專門店 4 大類，18 種形態，旗艦店已發展到第六代。開發方式上，蘇寧電器採取「租、建、購、並」四位一體、同步開發的模式，保持穩健、快速的發展態勢，每年新開 200 家連鎖店，同時不斷加大自建旗艦店的開發，以店面標準化為基礎，通過自建開發、訂單委託開發等方式，在全國數十個一、二級市場推進自建旗艦店開發。預計到 2020 年，網絡規模將突破 3,000 家，銷售規模突破 3,500 億元。2015 年實現營業收入 1,355.48 億元，同比增加 24.44%；實現歸屬於上市公司股東的淨利潤 8.73 億元，同比增加 0.64%。其中，蘇寧線上平臺交易額達 502.75 億元（含稅），同比增長

[①] 本章節的數據和資料來源於蘇寧雲商在巨潮網站的公開信息披露，相關分析源於對上述信息的整理。

94.93%。經過 6 年互聯網零售轉型摸索，蘇寧雲商線上業務終於迎來爆發式成長。

蘇寧以大消費、大服務為核心來實施產業鏈整合。首先，蘇寧進一步完善了全品類、全渠道、全客群的經營布局，確立了互聯網零售的「一體兩翼」新格局，其 O2O 模式戰略布局全面成形；其次，初步完成零售、地產、文創、金融、投資五大產業布局。

二、蘇寧雲商的產業鏈整合路徑[①]

（一）變革供應鏈，打造全品類、專業化的商品運營平臺

商品的豐富度是企業發展的基礎，豐富的商品是激活用戶黏性和提升平臺流量最有效、最直接的手段。因此，2015 年，蘇寧雲商繼續堅持「鞏固家電、凸顯 3C、培育母嬰超市」的全品類發展戰略，創新變革供應鏈，深度協同零供關係，加強商品運營及供應商服務能力，提升蘇寧平臺價值。

1. 全品類、專業化的商品運營

通過自營與平臺的發展，蘇寧雲商的商品豐富度得到提高，截至 2015 年年末，商品 SKU 數量達到 2,000 萬（同一商品來自不同供應商、同一商品被公司和開放平臺第三方商戶銷售均計為同一個 SKU），開放平臺商戶數 26,000 家。

2. 重塑供應鏈，零供關係高效協同

一方面，蘇寧雲商利用 C2B 的反向定制能力，倒逼上游廠商提升新產品研發能力，以快速對市場變化做出反應；並從產品全生命周期的角度出發，對供應鏈上的產品推廣營銷環節進行不斷的改進。互聯網的快速發展也為蘇寧雲商的發展提供了新的契機，蘇寧利用互聯網運營平臺推出一系列諸如眾籌、預售、特賣等產品，解決了供應商在產品研發、新品上市以及尾貨銷售方面的擔憂，實現了最大程度的雙贏。此外，蘇寧雲商還不定期推出品牌日等特色活動，為供應商打造專屬銷售日，更好地促進雙方合作的持久性。

另一方面，蘇寧雲商一直重視互聯網銷售平臺的搭建工作，不斷提升自我的 O2O 綜合運營服務能力，以更好地滿足平臺商戶和供應商的各種需求。2015 年，蘇寧對網絡銷售平臺中的店鋪運營、會員管理等方面進行整體升級，

---

① 蘇寧雲商集團股份有限公司 2015 年年度報告［EB/OL］．［2016－03－31］．http://www.suning.cn/static///snsite/contentresource/2016－03－31/03e853fb－10440－494e－8adf－905999dd2f91.pdf.

運用大數據進行精準銷售，極大地滿足了用戶體驗感，使得蘇寧在業界樹立了良好的口碑。

3. 實體店繼續擴張

蘇寧對全國的店鋪版圖正在進行一個中長期規劃，到 2020 年，蘇寧實體店鋪規模計劃達到 3,000 家，比目前規模增長近一倍。

（二）整合物流、金融和大數據等增值服務，打造零售業產業鏈生態圈

1. 物流方面

2015 年，蘇寧物流逐漸以公司化模式進行獨立運營，大力加強物流基礎設施建設，大力鋪設物流網點，提升物流整體的運營效率。此外，蘇寧物流也積極對跨境物流和農村電商物流等新業務領域進行整體布局。數據顯示截至 2015 年年末，蘇寧擁有 455 萬平方米的大型物流倉儲及相關配套設施，兼具自提功能的快遞點數量達到 6,051 個。2015 年蘇寧物流不僅妥投率達到 98.97%，而且也注重物流的及時性，物流及時率超過 90%。在全國 327 個城市，1,993 個區縣已經實現「次日達」。不僅如此，蘇寧在物流方面積極進行完善，利用其在 O2O 方面的優勢，在近 200 個城市、2,000 條街道實現「急速達」，即客戶在網上下單後，系統能夠根據收貨地址自動篩選距離客戶最近的門店存貨倉庫，進行出貨，客戶可以在 2 小時內就能收到自己心儀的商品。目前，蘇寧物流已經初步形成了全國範圍內的倉儲網絡和配送體系，大大提高了其物流的配送效率。日後，蘇寧也將對跨境物流以及農村電商物流等新的業務進行不斷拓展。

2. 金融方面

2015 年，蘇寧金融集團獨立運營，打造了嚴謹、規範、專業的運營機制，其全金融產品布局已經形成，致力於為消費者、企業、合作伙伴等提供多場景的金融服務，發揮蘇寧生態圈平臺優勢。蘇寧金融以普惠金融、廉價金融為使命，致力於成為中國金融 O2O 的領先者。

通過「易付寶+本地生活」的支付模式，客戶在教育和交通方面能夠快速地完成支付，享受蘇寧金融所帶來的便捷服務。據統計，截至 2015 年年末，已有超過 1.3 億用戶註冊蘇寧易付寶。蘇寧理財以為用戶提供一站式財富管理服務為己任，通過為用戶提供餘額理財、固定收益、權益投資等多類型的理財方式，依託獨特的金融 O2O 模式來滿足不同客戶理財的差異化需求；供應鏈金融業務則主要重點關注中小微企業的融資需求，帳速融、信速融、票速融等產品能夠快速便捷地滿足生產者的需求，能夠較好地幫助他們及時解決融資難的問題；此外，蘇寧眾籌也是蘇寧金融體系中不可分割的一部分，作為國內首個可以同時在線上線下開展眾籌活動的平臺，其涵蓋領域也較廣，不僅僅可以

在產品設計、農業等方面進行眾籌活動，還可以對中國的公益文化事業進行眾籌，極大地豐富了眾籌的應用領域。值得關注的是蘇寧眾籌模式得到了肯定，2015年蘇寧眾籌迅速躍居行業前三甲，取得了令人矚目的成績。而在消費信貸領域則成立了蘇寧消費金融公司，利用深層次的數據挖掘，在控制信用風險的同時，「任性付」這種個人消費信貸產品能夠很好地滿足用戶流動資金暫時短缺的需求，刺激產品銷售的同時增強用戶黏性。

2013年9月，國家工商總局正式審核通過「蘇寧銀行」這一名稱。至此，蘇寧金融加快對金融產品的全方面布局，諸如易付寶、蘇寧理財、蘇寧眾籌等產品的橫空出世更加豐富了蘇寧金融的版圖，也為消費者、生產商等對象提供多種金融服務，不斷提升資金的流動性。

3. 數據雲

蘇寧作為行業中實質擁有多端平臺能力的零售企業，數據雲等增值服務能力日益完善。蘇寧圍繞數據安全、數據分析、數據挖掘，構建「數據雲」，加強對行業前沿技術的研究探索，提高大數據管理應用能力。

4. 進軍足球

2015年12月21日蘇寧集團在總部南京召開江蘇蘇寧足球俱樂部啓動通報會。會上正式宣布江蘇蘇寧電器集團已與國信集團簽署協議，全面接手原江蘇國信舜天足球俱樂部，新的江蘇蘇寧足球俱樂部已經開始啓動。

2016年6月6日，蘇寧在南京召開「蘇寧併購國際米蘭媒體通報會」，宣布旗下蘇寧體育產業集團以約2.7億歐元的總對價，通過認購新股及收購老股的方式，獲得國際米蘭俱樂部約70%的股份。

(三) O2O 戰略轉型：全渠道布局及全流程的 O2O 融合

通過一系列的併購與整合（見表5-4），蘇寧已經形成了覆蓋門店POS端、PC端、移動端和TV端的全渠道布局，能夠滿足消費者隨時隨地、想購就購的購物需求。同時公司不僅推進門店的互聯網化，還在支付結算、倉儲配送、咨詢服務等方面打通了線上線下平臺，將店面在體驗、服務方面的優勢與互聯網在信息獲取、交易支付、互動交流等方面的優勢進行無縫結合，致力於為消費者提供貫穿線上線下，包含售前、售中、售后的完整的體驗。

通過O2O戰略轉型的不斷探索，蘇寧由傳統零售業轉型為互聯網零售企業的路徑現已清晰明確，就是系統推進「一體兩翼」的「互聯網路線圖」。「一體」就是以互聯網零售為主體，「兩翼」就是打造O2O的全渠道經營模式和線上線下的開放平臺。綜合來講，就是將線上線下的資源融為一體，然後按照平臺經濟的理念，最大限度地向市場開放、與社會共享，從而實現流通領域

新一輪的資源重組與價值再造。

表 5-4　　　蘇寧雲商 O2O 戰略轉型的併購或整合事件

時間	事件	主要內容
2009 年 8 月 18 日	蘇寧易購上線	把蘇寧易購打造成為一個綜合的網上商城。
2012 年 9 月 25 日	收購母嬰 B2C 平臺「紅孩子」	蘇寧以 6,600 萬美元或等值人民幣全資收購當時中國領先的母嬰 B2C 平臺「紅孩子」，並承接「紅孩子」與「繽購」兩個品牌的公司資產及業務。
2013 年 2 月 21 日	「蘇寧電器」正式更名為「蘇寧雲商」	提出了雲商新模式——「電商+店商+零售服務商」。
2013 年 10 月 28 日	收購 PPTV	蘇寧聯合弘毅資本以 4.2 億美元的公司基準估值戰略投資 PPTV 聚力，占股 70%。其中，蘇寧雲商出資 2.5 億美元，占股 44%，成為 PPTV 的第一大股東。拓展 PPTV 聚力品牌，終端和服務，開拓一條互聯網視頻企業發展的新路徑，構建引領行業的產業鏈競爭優勢。
2013 年 11 月 19 日	成立蘇寧硅谷研究院	近期的發展規模是達到 200 人。
2014 年 1 月 27 日	收購「滿座網」	蘇寧斥資近千萬元全收購網購平臺「滿座網」，並整合為蘇寧本地生活事業部。
2014 年 3 月 4 日	成立「蘇寧互聯」	全面進軍移動轉售業務，打通社交、購物、娛樂、資訊等多方面資源，為消費者提供圍繞移動互聯生活的增值服務和解決方案。
2015 年 1 月	投資成立蘇寧超市	全面進軍商超 O2O 領域，探索生鮮 O2O 模式。
2015 年 4 月 16 日	投資成立蘇寧眾籌	蘇寧眾籌平臺上主要有科技、設計、文化娛樂類眾籌項目。
2015 年 8 月 10 日	投資阿里巴巴	蘇寧以 140 億元認購不超過 2,780 萬股的阿里新發行股份。

三、蘇寧雲商產業鏈整合的績效與風險

(一) 蘇寧雲商的產業鏈整合績效

(1) 企業短期經營業績下滑。蘇寧雲商最近十年 (2006—2015 年) 經營業績情況見表 5-5。通過對表 5-5 財務數據的分析可知，2011 年後，蘇寧開始了大規模的產業鏈併購與整合，這給企業短期經營業績帶來了一定的負面影響，淨利潤從 48 億元降到了 8 億多元。影響原因固然有經濟周期及行業環境等，但產業鏈整合也是一個重要的影響因素。

表 5-5　　蘇寧雲商最近十年 (2006—2015) 經營業績情況

項目	2006 年	2007 年	2008 年	2009 年	2010 年	2011 年	2012 年	2013 年	2014 年	2015 年
營業收入（億元）	262	402	499	583	755	939	984	1,053	1,089	1,355
淨利潤（億元）	7.58	14.65	21.7	28.9	40.12	48.21	26.76	3.72	8.67	8.73
淨資產收益率（%）	33.87	37.66	31.6	28.44	24.48	23.68	10.61	1.31	3.01	2.87
毛利率（%）	14.88	14.46	17.16	17.35	17.83	18.94	17.76	15.21	15.28	14.44
收入增長率（%）	64.16	53.48	24.27	16.84	29.51	24.35	4.76	7.05	3.45	24.44

資料來源：根據蘇寧雲商集團股份有限公司 2006—2015 年年度報告數據整理。

(2) 企業品牌價值提升。全球三大品牌價值評估機構之一的世界品牌實驗室發布的 2016 年《中國 500 最具價值品牌》榜單顯示，蘇寧以 1,582.68 億元的品牌價值位列品牌榜第 13 名，穩居零售業第一位。與 2015 年 1,167.81 億元的品牌價值比較，今年提升幅度高達 36%，增長迅猛。蘇寧為零售鏈條三大主體——品牌商、零售商和用戶提供一體化的解決方案和服務，推動中國零售業創新。

(3) 市場地位穩步提升。自 2009 年以來，以蘇寧雲商為核心的蘇寧控股公司穩居中國民營企業 500 強的前三甲，並兩次位居首位。蘇寧零售也一直位居中國連鎖零售企業 100 強榜前三強，其中，2012 年、2013 年、2015 年均位居第一位。2015 年，在實體零售業整體走下坡路的環境下，蘇寧的零售額逆勢增長近三成，毛利率穩中有降，但仍屬於正常狀態。2013—2015 年，蘇寧雲商占百強銷售額的比重從 6.76% 逐漸提升到 7.55%（見表 5-6），在大型零售商的擴張中，蘇寧的經營績效逐步提升。

表 5-6　　蘇寧雲商與連鎖零售百強企業的增長比較

項目	2013 年	2014 年	2015 年
連鎖零售百強企業銷售規模（億元）	20,400	21,000	21,000
蘇寧雲商銷售額（億元）	1,380	1,427	1,586

表5-6(續)

項目	2013年	2014年	2015年
蘇寧雲商占百強銷售額的比重（％）	6.76	6.8	7.55

資料來源：根據中國連鎖經營協會官方網站提供的數據進行整理分析，因統計口徑不同，上述數據與公司公開信息披露的零售收入數據略有差異。

2. 蘇寧雲商的產業鏈整合與風險分析

蘇寧在擴張過程中，跟多數企業擴張一樣，存在許多問題，這些問題給產業鏈整合帶來了諸多風險。

（1）在產業鏈整合中，蘇寧收取的促銷費、進場費、返利、店慶費等費用讓供應商苦不堪言，這種靠「壓榨」供應商而不是為消費者提供價值的運營方式，是不利於整個家電零售業產業鏈的生態化發展。

（2）財務風險在增長中集聚，部分風險轉嫁給供應商。根據表5-7的數據分析可知，蘇寧易購上線當年（2009年），公司應付帳款與應付票據合計金額約為190億元，比2008年增加83億元，同比增長近八成，而同期的增產總額增加僅80億元左右，應付款項的增加額超過了資產擴張規模。蘇寧易購快速發展當年（2011年），應付款項的增長幅度高於資產規模的增長。2013年，公司資產總額約為830億元，應付帳款與應付票據項目合計約357億元，提供了公司47%的資金來源。按照規劃，到2020年，蘇寧要完成300家電器旗艦店、50個大型購物中心和60個物流基地的建設，對資金的需求將與日俱增。蘇寧電商併購面臨挑戰，巨額投資風險尚存。PPTV、蘇寧易購虧損嚴重，蘇寧電器迄今尚未對其以增資的方式注入資金。由此可見，PPTV、蘇寧易購當前燒的已經不是股東的錢了，而是在消耗對供應商的經營性占款。

表5-7　蘇寧雲商2009—2015年的資產與應付款項情況

年份	總資產（萬元）	增長幅度（％）	應付款項（萬元）			增長幅度（％）
			應付帳款	應付票據	合計	
2004	205,173.89	—	66,822.30	24,400	91,222.30	—
2005	432,720.78	110.90	177,081.27	99,652.37	276,733.64	203.36
2006	882,904.70	104.04	168,624.20	318,295.9	486,920.10	75.95
2007	1,622,965.10	83.82	314,631.80	658,267.8	972,899.60	99.81
2008	2,161,852.70	33.20	363,332.70	709,653.6	1,072,986.3	10.29
2009	3,583,983.20	65.78	500,311.70	1,399,919.1	1,900,230.8	77.10
2010	4,390,738.20	22.51	683,902.40	1,427,732	2,111,634.4	11.13

表5-7(續)

年份	總資產 （萬元）	增長幅度 （%）	應付款項（萬元）			增長幅度 （%）
			應付帳款	應付票據	合計	
2011	5,978,647.30	36.16	852,585.70	2,061,759.3	2,914,345.0	38.01
2012	7,616,150.10	27.39	1,045,773.3	2,422,985.2	3,468,758.5	19.02
2013	8,304,365.50	9.04	1,053,149.3	2,523,584.9	3,576,734.2	3.11
2014	8,219,372.90	-1.02	842,739.70	2,244,213.2	3,086,952.9	-13.69
2015	8,807,567.20	7.16	905,885.30	2,389,006.1	3,294,891.4	6.74

（3）協同風險凸顯。首先，經過多次快速收購和跨界以後，蘇寧版圖擴張至母嬰、視頻、團購、互聯網金融和購物廣場等領域，產業協同風險將成為蘇寧的重要考驗。其次，蘇寧如此快速擴充疆域，其資源共享、組織協同和管理協同能力跟不上。在大規模的併購整合期間（2009—2015年），公司淨利潤從2009年的26.76億元降低到2015年8億多元。

小結

在互聯網經濟時代，無論是電商的阿里巴巴集團，還是傳統零售的百聯集團、蘇寧雲商，零售業產業鏈整合都是未來推動行業深入發展的戰略機制。本章從三個公司的發展歷程，分析了大型零售商在中國零售業產業鏈整合中的主導作用。在資本與知識的驅動下，大型零售商通過產業鏈延伸實現橫向與縱向整合，推動零售產業鏈與電商產業鏈耦合，促進產業升級。阿里巴巴、百聯集團和蘇寧案例雖然涉及了產業鏈整合的多個層面，如產業鏈的整合路徑、內容和要素等，但是三個案例都有其自身的特殊性，很難對產業鏈整合問題進行全面的論述和說明，只能闡述本研究的一些主要理論。這是本案例研究的一個局限性。本書對零售產業鏈整合過程中知識整合、產品整合和價值整合這三個方面如何相互作用，共同構成完整的產業鏈整合理論沒有加以詳細分析。這是本研究的一個缺陷，也是本研究未來的主要努力方向。

參考文獻

[1] 芮明杰,劉明宇,任江波.論產業鏈的整合[M].上海:復旦大學出版社,2006:19-48.

[2] 代雨東.21世紀中國商業主框架運行思想[M].北京:海洋出版社,2001:85-109.

[3] 張松林,程瑤,唐國華.零售業品牌升級的「大國優勢」——基於大國國家價值鏈與全球價值鏈的比較分析[J].學習與實踐,2014(1):55-65.

[4] 丁俊發.中國流通業的變革與發展[J].中國流通經濟,2011(6):20-24.

[5] 關利欣,路紅艷.從國際比較看中國消費品流通渠道的優化[J].中國流通經濟,2012(6):99-104.

[6] 上創利,趙德海,仲深.基於產業鏈整合視角的流通產業發展方式轉變研究[J].中國軟科學,2013(3):175-183.

[7] 徐勇.「菜鳥」應構建良性生態圈[J].中國物流與採購,2013(12):34-35.

[8] 李飛.全渠道零售的含義、成因及對策:再論迎接中國多渠道零售革命風暴[J].北京工商大學學報(社會科學版),2013(2):1-11.

[9] 劉志彪,張杰.從融入全球價值鏈到構建國家價值鏈:中國產業升級的戰略思考[J].學術月刊,2009(9):59-68.

[10] 晁鋼令.商業業態創新是新一輪流通現代化的重要標志[J].中國流通經濟,2013(9):14-17.

[11] 李勇堅.高端服務業與流通產業價值鏈控制力——基於中國本土零售企業的研究[J].中國流通經濟,2012(8):18-24.

[12] 賈根良,劉書瀚.生產性服務業:構建中國製造業國家價值鏈的關鍵[J].學術月刊,2012(12):60-67.

[13] 李智.「中國特色」語境下的現代流通體系發展方略研究[J].中國

軟科學, 2012 (4): 1-10.

[14] 芮明杰, 劉明宇, 陳揚. 中國流通產業發展的問題、原因與戰略思路 [J]. 財經論叢, 2013 (6): 89-94.

[15] 程宏偉, 馮茜穎, 張永海. 資本與知識驅動的產業鏈整合研究 [J]. 中國工業經濟, 2008 (3): 144-152.

[16] 鄭大慶, 張讚, 於俊府. 產業鏈整合理論探討 [J]. 科技進步與對策, 2011 (2): 64-67.

[17] 熊丹. 產業鏈擴張與盈利模式創新 [J]. 企業管理, 2011 (11): 66-68.

[18] 邵丹萍. 基於產業鏈視角的金屬資源再生產業發展研究 [J]. 再生資源與循環經濟, 2011 (2): 26-32.

[19] 郭俊峰, 霍國慶, 袁永娜. 基於價值鏈的科技企業孵化器的盈利模式分析 [J]. 科研管理, 2013 (2): 69-76.

[20] 徐從才, 盛朝迅. 大型零售商主導產業鏈: 中國產業轉型升級新方向 [J]. 財貿經濟, 2012 (1): 71-77.

[21] 李勇堅. 高端服務業與流通產業價值鏈控制力——基於中國本土零售企業的研究 [J]. 中國流通經濟, 2012 (8): 18-24.

[22] 余旭輝, 蘇寧. 從橫向競爭到縱向競合 [J]. 21世紀商業評論, 2006 (7): 65-69.

[23] 莊尚文, 韓耀. 論零售商主導型供應鏈聯盟 [J]. 商業經濟與管理, 2008 (5): 3-9.

[24] 盛朝迅, 徐從才. 大型零售商主導產業鏈: 動因、機制與路徑 [J]. 廣東商學院學報, 2012 (1): 4-10.

[25] 權錫鑒, 刁建東. 大型零售商服務功能拓展與盈利模式創新研究 [J] 價格理論與實踐, 2011 (11): 86-87.

[26] 範志國. 大型零售商服務導向型渠道關係治理機制研究 [J]. 商業研究, 2012 (9): 15-20.

[27] 芮明杰, 劉明宇. 產業鏈整合理論述評 [J]. 產業經濟研究, 2006 (3): 60-66.

[28] 芮明杰, 劉明宇. 網絡狀產業鏈的知識整合 [J]. 中國工業經濟, 2006 (1): 49-56.

[29] 徐從才, 丁寧. 服務業與製造業互動發展的價值鏈創新及其績效——基於大型零售商縱向約束與供應鏈流程再造的分析 [J]. 管理世界, 2008 (8): 77-86.

［30］韓耀，晏程龍，楊資濤.零售商主導型供應鏈研究綜述［J］.北京工商大學學報（社會科學版），2009（5）：1-5.

［31］劉林青，雷昊，譚力文.從商品主導邏輯到服務主導邏輯——以蘋果公司為例［J］.中國工業經濟，2010（9）：57-66.

［32］芮明杰.現代企業持續發展理論與策略［M］.北京：清華大學出版社，2004.

［33］袁艷平.戰略性新興產業鏈構建整合研究——基於光伏產業的分析［D］.成都：西南財經大學，2012.

［34］吳彥艷.產業鏈的構建整合及升級研究［D］.天津：天津大學，2009.

［35］任紅波.模塊化體系中的產業鏈整合研究［D］.上海：復旦大學，2005.

［36］張暉，張德生.產業鏈的概念界定：產業鏈是鏈條、網絡抑或組織？［J］.西華大學學報（哲學社會科學版），2012（4）：85-89.

［37］李想.模塊化分工條件下網絡狀產業鏈的基本構造與運行機制［D］.上海：復旦大學，2008.

［38］朱瑞博.「十二五」時期上海高技術產業發展：創新鏈與產業鏈融合戰略研究［J］.上海經濟研究，2010（7）：94-106.

［39］謝宏，詹穎，楊帆.電商時代傳統零售商的轉型之路［R/OL］.http://www-935.ibm.com/services/multimedia/retail.pdf.

［40］張武康，郭立宏.多渠道零售研究述評與展望［J］.中國流通經濟，2014（2）：88-96.

［41］日信證券.傳統零售看彈性，新興業態看價值［EB/OL］.［2012-12-17］.http://stock.hexun.com/2012-12-17/149146634.html.

［42］商務部流通發展司.中國連鎖經營協會［R］.北京：中國零售業發展報告，2013.

［43］彭虎鋒，黃漫宇.新技術環境下零售商業模式創新及其路徑分析——以蘇寧雲商為例［J］.宏觀經濟研究，2014（2）：108-115.

［44］張蓓.構建中國零售業商業生態系統［D］.上海：同濟大學，2007.

［45］程宏偉，馮茜穎，張永海.資本與知識驅動的產業鏈整合研究——以攀鋼釩鈦產業鏈為例［J］.中國工業經濟，2008（3）：143-151.

［46］汪旭暉.自主創新：本土零售企業突圍利刃［N］.中國社會科學報，2011-04-21（12）.

[47] 苑清敏, 賴瑾慕. 戰略性新興產業與傳統產業動態耦合過程分析 [J]. 科技進步與對策, 2014 (1): 60-64.

[48] 吳彥艷. 產業鏈的構建整合及升級研究 [D]. 天津: 天津大學, 2009.

[49] 黃天龍, 羅永泰. 電商化轉型零售商的品牌權益提升機制與路徑研究——基於雙渠道品牌形象驅動的視角 [J]. 商業經濟管理, 2014 (4): 5-15.

[50] 浙江省商務廳. 全面實施電商換市建設電商產業高地——2013年浙江省電子商務發展報告 [J]. 浙江經濟, 2014 (13): 19-22.

[51] 蔣德嵩, 單迎光, 李夢軍, 等. 中國在線零售業: 觀察與展望 (簡版) [EB/OL]. [2014-01-28]. http://www.aliresearch.com/blog/article/detail/id/18712.html.

[52] 許縵. 產業融合下零售組織的演化與創新 [D]. 南京: 南京財經大學, 2008.

[53] 中國連鎖經營協會, 德勤會計師事務所. 中國零售業五大業態發展概況與趨勢 [EB/OL]. [2014-09-15]. http://www.ccfa.org.cn/portal/cn/view.jsp?lt=33&id=416734.

[54] 曹靜. 基於產業融合的中國現代零售業發展路徑研究 [J]. 上海商學院學報, 2012 (5): 39-44.

[55] 2014年美國百強零售商排行榜 [EB/OL]. [2014-07-18]. http://www.askci.com/chanye/2014/07/18/164455vzct.shtml.

[56] 2014年財富世界500強排行榜 [EB/OL]. [2014-07-07]. http://www.fortunechina.com/fortune500/c/2014-07-07/content_212535.htm.

[57] 王俊. 構建流通主導型國家價值鏈 [N]. 中國社會科學報, 2013-11-18.

[58] 李世才. 戰略性新興產業與傳統產業耦合發展的理論及模型研究 [D]. 長沙: 中南大學, 2010.

[59] 曾敏, 劉軍, 楊夏. 傳統零售、電商、移動互聯三種O2O模式對比 [EB/OL]. [2014-04-23]. http://www.linkshop.com.cn/web/archives/2014/287498.shtml.

[60] 劉明宇, 翁瑾. 產業鏈的分工結構及其知識整合路徑 [J]. 科學學與科學技術管理, 2007 (7): 92-96.

[61] 孫會峰. 零售O2O的六大難題和四大出路 [EB/OL]. [2014-10-10]. http://www.linkshop.com.cn/ (kwthrmauciseeriqsdu1ui55) /web/Article_

News. aspx？ArticleId=303430.

［62］徐蔚冰. 中國零售業進入加速整合階段［EB/OL］.［2016-09-09］. http：//news. hexun. com/2016-09-09/185956110. html.

［63］顧國建. 當前零售業發展的幾個問題［J］. 中國食品，2015（20）：84-89.

［64］尹曉玲，何智韜. 全產業鏈為什麼沒有帶來協同效應？［J］. 企業管理，2014（8）：44-48.

［65］王佳莉. 中糧集團「全產業鏈」戰略研究［D］. 北京：北京交通大學，2011.

［66］晏國文. 億歐網盤點蘇寧O2O六年轉型之路［EB/OL］.［2015-08-28］. http：//ret. iyiou. com/p/20241.

［67］周勇. 線上線下的冲突與融合［J］. 上海商學院學報，2013（6）：25-29.

［68］王琛，趙英軍，劉濤. 協同效應及其獲取的方式與途徑［J］. 學術交流，2004（10）：47-50.

［69］汪旭暉，張其林. 多渠道零售商線上線下營銷協同研究——以蘇寧為例［J］. 商業經濟與管理，2013（9）：37-47.

［70］謝小軍. 企業併購整合風險管理問題探析［J］. 企業家天地，2007（4）：37-38.

［71］袁平紅. 全球流通發展新態勢下的中國流通產業發展方式轉變［J］. 中國流通經濟，2014（2）：26-33.

［72］許金葉，許琳. 協同與管控：雲端企業產業鏈生態系統的治理［J］. 財務與會計，2013（6）：46-48.

［73］曹靜. 基於產業融合的中國現代零售業發展路徑研究［J］. 上海商學院學報，2012（5）：39-43.

［74］張梅青，王稼瓊，靳松. 創意產業鏈的價值與知識整合研究［J］. 科學學與科學技術管理，2008（11）：81-86.

［75］王偉，邵俊崗. 信息共享風險下的企業戰略聯盟穩定性分析［J］. 企業經濟，2013（5）：26-29.

［76］羅明新. 集團公司組織協同的動因及構建［J］. 企業改革與管理，2008（2）：15-16.

［77］陳學猛，丁棟虹. 國外商業模式研究的價值共贏性特徵綜述［J］. 中國科技論壇，2014（2）：143-149.

［78］孫藝軍. 大型零售商濫用市場優勢地位及應對策略［J］. 北京工商大學學報（社會科學版），2008（5）：11-16.

［79］王為農，許小凡. 大型零售企業濫用優勢地位的反壟斷規制問題研究［J］. 浙江大學學報（人文社會科學版），2011（5）：138-146.

［80］姚宏，魏海玥. 類金融模式研究——以國美和蘇寧為例［J］. 中國工業經濟，2012（9）：148-160.

［81］劉志彪. 重構國家價值鏈：轉變中國製造業發展方式的思考［J］. 世界經濟與政治論壇，2011（4）：1-14.

［82］張彬琳. 產業整合的動因、趨勢和績效研究——基於2007—2013年企業併購數據的微觀視角［D］. 蘇州：蘇州大學，2015.

［83］朱蕊. 基於價值網的物聯網產業鏈協同研究［D］. 南京：南京郵電大學，2012.

［84］胡祖光. 中國零售業競爭與發展的制度設計［M］. 北京：經濟管理出版社，2006.

［85］盛朝迅. 大型零售商主導產業鏈的經濟績效［J］. 商業經濟與管理，2011（12）：12-20.

［86］謝莉娟. 互聯網同代的流通組織重構——供應鏈逆向整合視角［J］. 中國工業經濟，2015（4）：44-56.

［87］王錚. 金融是實現產業鏈轉型升級的最好手段［J］. 上海國資，2014（9）：32-33.

［88］Hausken K. Cooperation and Between-Group Competition［J］. Journal of Economic Behavior & Organization，2000（42）：242.

［89］Ming-Hsiung Hsiao. Shopping Mode Choice：Physical Store Shopping versus E-shopping［J］. Transportation Research Part E：Logistics and Transportation Review，2009，45（1）：86-95.

［90］Snankar V, Nenktesh A, Hofacker C, et al. Mobile Marketing in the Retailing Environment：Current Insights and Future Research Avenues［J］. Journal of Interactive Marketing，2010，24（2）：111-120.

［91］Cao Xinyu, Xu zhiyi, Douma F. The Interactions between P-shopping and traditional in-store shopping：an application of structural equations model［J］. Transportation，2012，39（5）：957-974.

附　錄

附錄 1　國內主要零售商的 O2O 模式[①]

企業名稱	O2O 模式、特徵	O2O 案例內容
京東	大數據+商品+服務；綜合自營+平臺電商	京東與 15 余座城市的上萬家便利店合作，布局京東小店 O2O，京東提供數據支持，便利店作為其末端實現落地；京東與獐子島集團拓展生鮮 O2O，為獐子島開放端口，提供高效的生鮮供應鏈體系。另外，京東還與服裝、鞋帽、箱包、家居家裝等品牌專賣連鎖店達成優勢整合，借此擴充產品線、渠道全面下沉，各連鎖門店借助京東精準營銷，最終實現「零庫存」。
蘇寧雲商	門店到商圈+雙線同價；店商+平臺電商+零售服務商	蘇寧利用自己的線下門店以及線上平臺，實現了全產品全渠道的線上線下同價，幫助蘇寧打破了實體零售在轉型發展中與自身電商渠道左右互搏的現狀。O2O 模式下的蘇寧實體店不再是只有銷售功能的門店，而是一個集展示、體驗、物流、售後服務、休閒社交、市場推廣為一體的新型門店——雲店，店內將開通免費 WIFI、實行全產品的電子價簽、布設多媒體的電子貨架，利用互聯網、物聯網技術收集分析各種消費行為，推進實體零售進入大數據時代。

[①] 孫露倩. 盤點京東、蘇寧等十大典型 O2O 模式 教你如何轉型？[EB/OL].[2015-01-05]. http://news.winshang.com/news-432057.html.

表(續)

企業名稱	O2O模式、特徵	O2O案例內容
萬達	線下商場+百萬騰電商	萬達聯合百度、騰訊,共同出資成立萬達電子商務公司,在打通帳號與會員體系、打造支付與互聯網金融產品、建立通用積分聯盟、大數據融合、WiFi共享、產品整合、流量引入等方面進行深度合作,同時將聯手打造線上線下一體化的帳號及會員體系;探索創新性互聯網金融產品;建立通用積分聯盟及平臺;同時,萬達、百度、騰訊三方還將建立大數據聯盟,實現優勢資源大數據融合。近日,萬達投資20億元入股快錢,彌補O2O支付環節短板。
銀泰	線下商圈+阿里電商生態	銀泰商業集團還得到阿里戰略入股,雙方優勢互補,共同打造涉及食、住、購、娛、遊和公共服務六大領域的武林商圈O2O平臺。銀泰依靠在全國的零售網絡幫阿里搭建好O2O的基礎設施體系,進而全面解決雙方在線上和線下的貨品、支付、物流等關鍵環節的融合。
大潤發	鄉鎮低線市場+飛牛網	大潤發正式上線B2C平臺飛牛網,在飛牛網運行半年後,攜手喜士多便利店推行O2O「千鄉萬館」項目,建立飛牛網購體驗館,實施O2O戰略。飛牛網設置網購體驗館,旨在服務大潤發服務不到的地區。飛牛網還將借力其他便利店、社區服務中心、鄉鎮連鎖小店、加油站、專賣店等探索多元化通路。飛牛網又與南通郵政達成戰略合作,正式啟用首批體驗館,飛牛網南通地區O2O「千鄉萬館」計劃開始落地。
百聯集團	百聯全渠道電商平臺	以實體零售為立足點,拓展全渠道、全業態、全客群、全品類、全時段的上海區域垂直電商平臺,i百聯平臺將圍繞「雲享生活」的核心理念,為滬上消費者帶來觸手可及的新時代海派品質生活。i百聯平臺的上線也標志傳統國企轉型與零售消費領域創新的新方向。百聯將充分利用已有的4,800家線下實體資源,發揮近10萬零售從業人員的優勢,把握每年超過10億的線下客流。
永輝	京東入股永輝超市	引入京東商城作為戰略投資者。根據雙方協議,京東入股永輝超市的價格為每股9元(約1.45美元),總價值為43.1億元(約7億美元)。通過這一交易,京東集團將持有永輝超市10%的股份,並可以任命兩個獨立董事。

表(續)

企業名稱	O2O模式、特徵	O2O案例內容
當當網	當當入股步步高	2015年7月中旬，當當與步步高簽訂協議，擬在商品銷售、業務開發、資源利用等領域締結成為戰略合作關係，並將在商品銷售、線上線下資源共享、倉儲物流配送、開拓快銷品市場等方面進行業務的深度合作。據協議，雙方擬在步步高門店合作開設線下體驗式書店。
沃爾瑪	沃爾瑪全面掌控1號店	2015年7月中旬，1號店創始人兼董事長於剛以及聯合創始人兼首席執行官劉峻嶺決定離開后不久，沃爾瑪全面掌控1號店。為適應移動互聯網時代消費者的新需求，沃爾瑪推出了手機應用App，沃爾瑪未來將加速線上1號店與線下的融合發展，嘗試探索零售O2O，顧客可以靈活選擇到店自提或送貨上門等。另據2016年6月21日的21世紀經濟報道，京東擬出資400億元收購1號店。如果這個意向實現，京東將接替沃爾瑪，全面掌控1號店。
華潤萬家	華潤萬家正式上線電商平臺	2015年6月19日，華潤萬家電商平臺e萬家正式上線，重啟實體零售與線上零售雙渠道發展，並開通了跨境購業務，步入跨境電商市場。e萬家以顧客消費場景為導向的服務、產品解決方案為出發點，協助線下業務數字化能力的建設，打造具有獨特優勢的O2O差異化營運的新商業模式，打造技術武裝的全渠道商品及服務平臺。其中，「ewj shop」和「ewj zone」是「e萬家」的線下體驗店和體驗區，均提供海外商品、港版商品的銷售和商品體驗的服務。同時提供線下購買和線上下單兩種方式購貨體驗，打通線上、線下資源，布局全渠道運營銷售。

附錄2　2014—2015年世界500強的主要零售企業情況[①]

零售類型	2015年排名	2014年排名	企業名稱	2015年營業收入（百萬美元）	2014年營業收入（百萬美元）	國家
綜合商業	1	1	沃爾瑪（WAL-MART STORES）	485,651	476 294	美國
	117	116	塔吉特公司（TARGET）	74,520	72,596	美國
	115	143	中國華潤總公司（CHINA RESOURCES NATIONAL）	74,887	65,959	中國
	147	148	日本永旺集團（AEON）	65 273	64 240	日本
	383	322	西爾斯控股（SEARS HOLDINGS）	31,198	36,188	美國
	421	434	梅西百貨（MACY'S）	28,105	27,931	美國
	445	464	樂天百貨（Lotte Shopping）	26,687	25,774	韓國
專業零售	52	60	好市多（COSTCO WHOLESALE）	112,640	105,156	美國
	101	102	家得寶（HOME DEPOT）	83,176	78,812	美國
	176	192	美國勞氏公司（LOWE'S）	56 223	53,417	美國
	262	230	百思買（BEST BUY）	41,903	45 225	美國
	282	277	怡和集團（JARDINE MATHESON）	39,921	39,465	中國
	305	329	Alimentation Couche-Tard 公司	37,956	35,543	加拿大
	336	363	和記黃埔有限公司（HUTCHISON WHAMPOA）	35,097	33,035	中國
	62	63	樂購（TESCO）	101,580	103 278	英國
	64	65	家樂福（Carrefour）	101 238	101,790	法國
	97	91	麥德龍（METRO）	85,505	86,347	德國
	410	436	TJX公司（TJX）	29,078	27,422	美國
網絡零售	88	112	亞馬遜（AMAZON.COM）	88,988	74,452	美國
	124	162	谷歌（GOOGLE）	71,487	60,629	美國

① 2014年世界500強各行業子榜單［EB/OL］.［2014-07-07］. http：//www.fortunechina.com/fortune500/c/2014-07/07/content_ 212242.htm. 2015年財富世界500強排行榜［EB/OL］.［2015-07-22］. http：//www.fortunechina.com/fortune500/c/2015/07/22/content_ 244435.htm.

附錄3 2014年中國連鎖零售百強[①]

序號	企業名稱	2014銷售額（萬元）	銷售增長率（%）	2014門店總數（個）	門店增長率（%）
1	國美電器有限公司	14,348 266	7.6	1,698	7.1
2	蘇寧雲商集團股份有限公司	14 276,100	3.5	1,696	4.3
3	華潤萬家有限公司	10,400,000	12.6	4127	7.6
	其中：華潤蘇果	3,342,400	-1.3	2,103	-0.3
4	康成投資（中國）有限公司（大潤發）	8,567,000	6.9	304	15.2
5	沃爾瑪（中國）投資有限公司	7 237,558	0.2	411	1.0
6	山東省商業集團有限公司	6,392,336	4.6	638	11.0
7	聯華超市股份有限公司	6,175,076	-10.3	4,325	-6.0
8	重慶商社（集團）有限公司	6,148,418	2.0	335	2.8
9	上海百聯集團股份有限公司	5,986,000	1.2	4,400	-6.4
10	百勝餐飲集團中國事業部	5,070,000	1.0	6,600	10.0
11	家樂福（中國）管理咨詢服務有限公司	4,572 212	-2.1	237	0.4
12	永輝超市股份有限公司	4,300,000	22.6	337	15.4
13	大商股份有限公司	3,768,000	-4.6	200	3.1
14	武漢武商集團股份有限公司	3,400,003	10.8	98	-2.0
15	長春歐亞集團股份有限公司	3 232 232	14.3	81	8.0

---

① 中國連鎖經營協會. 2014年中國連鎖百強［EB/OL］.［2015-04-21］. http：www.ccfa.org.cn/portal/cn/view.jsp.lt=/&id=419213.

表（續）

序號	企業名稱	2014銷售額（萬元）	銷售增長率（％）	2014門店總數（個）	門店增長率（％）
16	中百控股集團股份有限公司	3 221,803	9.9	1,037	2.1
17	石家莊北國人百集團有限責任公司	3 213,628	6.5	102	8.5
18	宏圖三胞高科技術有限公司	3,035,024	10.1	572	12.2
19	農工商超市（集團）有限公司	2,938,187	-2.1	2,566	-3.0
20	海航商業控股有限公司	2,790,000	5.7	507	5.2
21	步步高集團	2,703,795	27.6	525	18.0
22	萬達百貨有限公司	2,559,996	65.2	99	32.0
23	天虹商場股份有限公司	2,338,992	6.2	67	8.1
24	利群集團股份有限公司	2,307,900	0.9	600	3.4
25	烟臺市振華百貨集團股份有限公司	2,306,100	6.6	111	-1.8
26	北京物美商業集團股份有限公司	2,196,447	11.3	565	3.3
27	文峰大世界連鎖發展股份有限公司	2,170,674	4.8	879	-4.6
28	北京王府井百貨（集團）股份有限公司	2,166,596	-6.0	28	3.7
29	江蘇五星電器有限公司	2,100,000	-21.1	184	-2.6
30	山東家家悅投資控股有限公司	2,094,516	10.2	608	1.2
31	百盛商業集團有限公司	1,944,944	-4.2	57	-1.7
32	錦江麥德龍現購自運有限公司	1,890,000	8.0	81	11.0
33	銀泰商業（集團）有限公司	1,831,852	0.8	47	30.6
34	樂天超市有限公司	1,800,000	16.1	123	11.8

表(續)

序號	企業名稱	2014銷售額（萬元）	銷售增長率（％）	2014門店總數（個）	門店增長率（％）
35	金鷹國際商貿集團（中國）有限公司	1,725,746	-8.2	29	7.4
36	鄭州丹尼斯集團	1,720,000	21.1	226	24.9
37	中石化易捷銷售有限公司	1,713,019	28.3	23,730	1.3
38	北京迪信通商貿股份有限公司	1,690 279	12.1	1,484	1.3
39	安徽省徽商集團有限公司	1,670,609	-0.4	2,160	-6.5
40	新一佳超市有限公司	1,650,301	-3.0	110	-5.2
41	歐尚（中國）投資有限公司	1,650,000	5.1	68	15.3
42	山東濰坊百貨集團股份有限公司	1,638,966	8.3	600	5.3
43	廣州屈臣氏個人用品商店有限公司	1,638,136	14.0	2,088	23.3
44	合肥百貨大樓集團股份有限公司	1,600,000	-2.1	176	-7.4
45	北京華聯綜合超市股份有限公司	1,600,000	8.8	145	3.6
46	遼寧興隆大家庭商業集團	1,544,693	9.6	37	5.7
47	武漢中商集團股份有限公司	1,492 240	8.7	49	-5.8
48	北京京客隆商業集團股份有限公司	1,422,535	3.5	285	21.8
49	新華都購物廣場股份有限公司	1,406,160	3.0	122	3.4
50	北京首商集團股份有限公司	1,384,886	-1.6	18	5.9
51	卜蜂蓮花	1,378 203	0.2	77	0.0
52	江蘇華地國際控股集團有限公司	1,328,734	-0.9	47	2.2

表(續)

序號	企業名稱	2014銷售額（萬元）	銷售增長率（%）	2014門店總數（個）	門店增長率（%）
53	人人樂連鎖商業集團股份有限公司	1,279,645	-2.2	117	-8.6
54	北京菜市口百貨股份有限公司	1,212,121	-10.8	19	18.8
55	北京樂語世紀科技集團有限公司	1,168,686	0.3	2,168	-8.9
56	麥當勞（中國）有限公司	1,150,000	11.7	2,100	20.0
57	廣州市廣百股份有限公司	1,134,911	-0.6	27	-3.6
58	東莞市糖酒集團美宜佳便利店有限公司	1,099,365	71.1	6,390	14.5
59	茂業國際控股有限公司	1,076,414	-5.4	41	2.5
60	宜家家居	1,021,956	24.4	16	14.3
61	中國石油銷售公司（昆侖好客便利店）	988,000	-5.7	15,000	7.1
62	永旺（中國）投資有限公司	976,537	11.4	50	13.6
63	新疆友好集團	966,000	-14.0	61	5.2
64	山東新星集團有限公司	910,918	-5.5	586	-10.4
65	成都紅旗連鎖股份有限公司	881,249	6.6	1,577	8.0
66	南京中央商場（集團）股份有限公司	800,760	-8.9	15	50.0
67	濟南華聯商廈集團股份有限公司	797,876	11.5	41	51.9
68	銀川新華百貨商業集團股份有限公司	797,600	3.2	228	8.6
69	湖南友誼阿波羅控股股份有限公司	776,480	-1.5	11	0.0
70	伊藤洋華堂（中國）	727,178	0.1	12	-14.3
71	北京翠微大廈股份有限公司	715,000	35.5	8	60.0

表(續)

序號	企業名稱	2014銷售額（萬元）	銷售增長率（%）	2014門店總數（個）	門店增長率（%）
72	山西美特好連鎖超市股份有限公司	656,037	17.8	130	46.1
73	山東全福元商業集團有限責任公司	651,400	19.9	267	19.2
74	信譽樓百貨集團有限公司	640,000	30.6	18	12.5
75	邯鄲市陽光百貨集團總公司	611,000	1.5	175	2.9
76	一丁集團股份有限公司	562,070	17.0	363	-5.0
77	阜陽華聯集團股份有限公司	550,116	6.1	795	1.1
78	家樂園商貿有限公司	533,021	5.0	44	0.0
79	青島維客集團股份有限公司	530,500	5.3	10	0.0
80	青島利客來集團股份有限公司	525,839	14.3	431	0.9
81	大參林醫藥集團股份有限公司	516,000	11.0	1,600	14.3
82	湖南佳惠百貨有限責任公司	510,370	5.2	247	2.1
83	北京華冠商業經營股份有限公司	507,926	12.1	273	-3.2
84	長沙通程控股股份有限公司	502,552	-0.3	77	5.5
85	三江購物俱樂部股份有限公司	487,046	-5.2	154	2.7
86	浙江人本超市有限公司	486,734	5.8	1,693	4.4
87	雄風集團有限公司	438,795	10.5	135	-10.0
88	北京超市發連鎖股份有限公司	437,051	1.7	155	8.4
89	全家便利店	420,000	13.5	1,281	20.4

表(續)

序號	企業名稱	2014銷售額（萬元）	銷售增長率（％）	2014門店總數（個）	門店增長率（％）
90	廣州友誼集團股份有限公司	392,016	-17.8	6	0.0
91	百佳超市（中國區）	392,012	4.3	70	7.7
92	十堰市新合作超市有限公司	390,585	4.0	2,236	4.0
93	江蘇新合作常客隆連鎖超市有限公司	380,441	6.1	1,029	1.3
94	山西省太原唐久超市有限公司	355,360	1.9	1,340	7.2
95	加貝物流股份有限公司	330,000	-7.0	350	-1.1
96	中國全聚德（集團）股份有限公司	327,624	-0.5	99	3.1
97	浙江華聯商廈有限公司	327,500	-3.0	78	-7.1
98	新世界百貨中國有限公司	323,900	-1.4	43	0.0
99	河南大張實業有限公司	318,000	22.0	56	1.8
100	心連心集團有限公司	314,799	15.4	48	0.0
	合計	209,637,552	5.1	107,366	4.2

附錄 4　國務院關於推進國內貿易流通現代化,建設法治化營商環境的意見

國發〔2015〕49 號

國內貿易流通（以下簡稱內貿流通）是中國改革開放最早、市場化程度最高的領域之一，目前已初步形成主體多元、方式多樣、開放競爭的格局，對國民經濟的基礎性支撐作用和先導性引領作用日益增強。做強現代流通業這個國民經濟大產業，可以對接生產和消費，促進結構優化和發展方式轉變。

基本原則之一：堅持以市場化改革為方向。充分發揮市場配置資源的決定性作用，打破地區封鎖和行業壟斷，促進流通主體公平競爭，促進商流、物流、資金流、信息流自由高效流動，提高流通效率，降低流通成本。

主要措施摘錄：

1. 加強全國統一市場建設，降低社會流通總成本。

消除市場分割。清理和廢除妨礙全國統一市場、公平競爭的各種規定及做法。禁止在市場經濟活動中實行地區封鎖，禁止行政機關濫用行政權力限制、排除競爭的行為。推動建立區域合作協調機制，鼓勵各地就跨區域合作事項加強溝通協商，探索建立區域合作利益分享機制。

打破行業壟斷。完善反壟斷執法機制，依法查處壟斷協議、濫用市場支配地位行為，加強經營者集中反壟斷審查。禁止利用市場優勢地位收取不合理費用或強制設置不合理的交易條件，規範零售商供應商交易關係。

2. 統籌規劃全國流通網絡建設，推動區域、城鄉協調發展。

推進大流通網絡建設。提升環渤海、長三角、珠三角三大流通產業集聚區和瀋陽—長春—哈爾濱、鄭州—武漢—長沙、成都—重慶、西安—蘭州—烏魯木齊四大流通產業集聚帶的消費集聚、產業服務、民生保障功能，打造一批連接國內國際市場、發展潛力較大的重要支點城市，形成暢通高效的全國骨幹流通網絡。

推進區域市場一體化。推進京津冀流通產業協同發展，統籌規劃建設三地流通設施，促進共建共享。依託長江經濟帶綜合立體交通走廊，建設沿江物流主幹道，推動形成若干區域性商貿物流中心，打造長江商貿走廊。將流通發展所需的相關設施和用地納入城鄉規劃，實施全國流通節點城市布局規劃，加強區域銜接。

3. 強化內貿流通創新的市場導向。

推動新興流通方式創新。積極推進「互聯網+」流通行動，加快流通網絡化、數字化、智能化建設。引導電子商務企業拓展服務領域和功能，鼓勵發展生活消費品、生產資料、生活服務等各類專業電子商務平臺，帶動共享、協同、融合、集約等新興模式發展。促進農產品電子商務發展，引導更多農業從業者和涉農企業參與農產品電子商務，支持各地打造各具特色的農產品電子商務產業鏈，開闢農產品流通新渠道。推廣拍賣、電子交易等農產品交易方式。大力推進電子商務進農村，推廣農村商務信息服務，培育多元化的農村電子商務市場主體，完善農村電子商務配送服務網絡。促進電子商務進社區，鼓勵電子商務企業整合社區現有便民服務設施，開展電子商務相關配套服務。

推動傳統流通企業轉型模式創新。鼓勵零售企業改變引廠進店、出租櫃臺等經營模式，實行深度聯營，通過集中採購、買斷經營、開發自有品牌等方式，提高自營比例。鼓勵流通企業通過兼併、特許經營等方式，擴大連鎖經營規模，提高經營管理水平。鼓勵流通企業發揮線下實體店的物流、服務、體驗等優勢，與線上商流、資金流、信息流融合，形成優勢互補。支持流通企業利用電子商務平臺創新服務模式，提供網訂店取、網訂店送、上門服務、社區配送等各類便民服務。引導各類批發市場自建網絡交易平臺或利用第三方電子商務平臺開展網上經營，推動實體市場與網絡市場協同發展。推動流通企業利用信息技術加強供應鏈管理，鼓勵向設計、研發、生產環節延伸，促進產業鏈上下游加強協同，滿足個性化、多樣化的消費需求。大力發展第三方物流和智慧物流，鼓勵物聯網等技術在倉儲系統中的應用，支持建設物流信息服務平臺，促進車源、貨源和物流服務等信息高效匹配，支持農產品冷鏈物流體系建設，提高物流社會化、標準化、信息化、專業化水平。

國務院
2015 年 8 月 26 日

附錄5 國務院辦公廳關於促進內貿流通健康發展的若干意見

(國辦發〔2014〕51號)

主要意見摘錄:

(1) 規範促進電子商務發展。進一步拓展網絡消費領域,加快推進中小城市電子商務發展,支持電子商務企業向農村延伸業務,推動居民生活服務、休閒娛樂、旅遊、金融等領域電子商務應用。在保障數據管理安全的基礎上,推進商務領域大數據公共信息服務平臺建設。促進線上、線下融合發展,推廣「網訂店取」「網訂店送」等新型配送模式。加快推進電子發票應用,完善電子會計憑證報銷、登記入帳及歸檔保管等配套措施。落實《註冊資本登記制度改革方案》,完善市場主體住所(經營場所)管理。在控制風險基礎上鼓勵支付產品創新,營造商業銀行和支付機構等支付服務主體平等競爭環境,促進網絡支付健康發展。

(2) 加快發展物流配送。加強物流標準化建設,加快推進以托盤標準化為突破口的物流標準化試點;加強物流信息化建設,打造一批跨區域物流綜合信息服務平臺;提高物流社會化水平,支持大型連鎖零售企業向社會提供第三方物流服務,開展商貿物流城市共同配送試點,推廣統一配送、共同配送等模式;提高物流專業化水平,支持電子商務與物流快遞協同發展,大力發展冷鏈物流,支持農產品預冷、加工、儲存、運輸、配送等設施建設,形成若干重要農產品冷鏈物流集散中心。推動城市配送車輛統一標識管理,保障運送生鮮食品、主食製品、藥品等車輛便利通行。允許符合標準的非機動快遞車輛從事社區配送。支持商貿物流園區、倉儲企業轉型升級,經認定為高新技術企業的第三方物流和物流信息平臺企業,依法享受高新技術企業相關優惠政策。

(3) 大力發展連鎖經營。以電子商務、信息化及物流配送為依託,推進發展直營連鎖,規範發展特許連鎖,引導發展自願連鎖。支持連鎖經營企業建設直採基地和信息系統,提升自願連鎖服務機構聯合採購、統一分銷、共同配送能力,引導便利店等業態進社區、進農村,規範和拓展其代收費、代收貨等便民服務功能。鼓勵超市、便利店、機場等相關場所依法依規發展便民餐點。

(4) 支持流通企業做大做強。推動優勢流通企業利用參股、控股、聯合、兼併、合資、合作等方式,做大做強,形成若干具有國際競爭力的大型零售

商、批發商、物流服務商。加快推進流通企業兼併重組審批制度改革，依法做好流通企業經營者集中反壟斷審查工作。鼓勵和引導金融機構加大對流通企業兼併重組的金融支持力度，支持商業銀行擴大對兼併重組商貿企業綜合授信額度。推進流通企業股權多元化改革，鼓勵各類投資者參與國有流通企業改制重組，鼓勵和吸引民間資本進入，進一步提高利用外資的質量和水平，推進混合所有制發展。

（5）增強中小商貿流通企業發展活力。加快推進中小商貿流通企業公共服務平臺建設，整合利用社會服務力量，為中小商貿流通企業提供質優價惠的信息咨詢、創業輔導、市場拓展、電子商務應用、特許經營推廣、企業融資、品牌建設等服務，力爭用三年時間初步形成覆蓋全國的服務網絡。落實小微企業融資支持政策，推動商業銀行開發符合商貿流通行業特點的融資產品，在充分把控行業和產業鏈風險的基礎上，發展商圈融資、供應鏈融資，完善小微商貿流通企業融資環境。

（6）創造公平競爭的市場環境。著力破除各類市場壁壘，不得濫用行政權力制定含有排除、限定競爭內容的規定，不得限定或者變相限定單位或者個人經營、購買、使用行政機關指定的經營者提供的商品，取消針對外地企業、產品和服務設定歧視性收費項目、實行歧視性收費標準或者規定歧視性價格等歧視性政策，落實跨地區經營企業總分支機構匯總納稅政策。抓緊研究完善零售商、供應商公平交易行為規範及相關制度，強化日常監管，健全舉報投訴辦理和違法行為曝光機制，嚴肅查處違法違規行為。充分發揮市場機制作用，建立和完善符合中國國情和現階段發展要求的農產品價格和市場調控機制。建立維護全國市場統一開放、競爭有序的長效機制，推進法治化營商環境建設。

國務院辦公廳
2014 年 10 月 24 日

附錄6 國務院辦公廳關於推進線上線下互動,加快商貿流通創新發展轉型升級的意見

(國辦發〔2015〕72號)

近年來,移動互聯網等新一代信息技術加速發展,技術驅動下的商業模式創新層出不窮,線上線下互動成為最具活力的經濟形態之一,成為促進消費的新途徑和商貿流通創新發展的新亮點。大力發展線上線下互動,對推動實體店轉型,促進商業模式創新,增強經濟發展新動力,服務大眾創業、萬眾創新具有重要意義。

主要意見摘錄:

(1) 支持商業模式創新。包容和鼓勵商業模式創新,釋放商貿流通市場活力。支持實體店通過互聯網展示、銷售商品和服務,提升線下體驗、配送和售后等服務,加強線上線下互動,促進線上線下融合,不斷優化消費路徑、打破場景限制、提高服務水平。鼓勵實體店通過互聯網與消費者建立全渠道、全天候互動,增強體驗功能,發展體驗消費。鼓勵消費者通過互聯網建立直接聯系,開展合作消費,提高閒置資源配置和使用效率。鼓勵實體商貿流通企業通過互聯網強化各行業內、行業間分工合作,提升社會化協作水平。(商務部、網信辦、發展和改革委員會、工業和信息化部、地方各級人民政府)

(2) 鼓勵技術應用創新。加快移動互聯網、大數據、物聯網、雲計算、北斗導航、地理位置服務、生物識別等現代信息技術在認證、交易、支付、物流等商務環節的應用推廣。鼓勵建設商務公共服務雲平臺,為中小微企業提供商業基礎技術應用服務。鼓勵開展商品流通全流程追溯和查詢服務。支持大數據技術在商務領域深入應用,利用商務大數據開展事中事後監管和服務方式創新。支持商業網絡信息系統提高安全防範技術水平,將用戶個人信息保護納入網絡安全防護體系。(商務部、工業和信息化部、發展和改革委員會、地方各級人民政府)

(3) 促進產品服務創新。鼓勵企業利用互聯網逆向整合各類生產要素資源,按照消費需求打造個性化產品。深度開發線上線下互動的可穿戴、智能化商品市場。鼓勵第三方電子商務平臺與製造企業合作,利用電子商務優化供應鏈和服務鏈體系,發展基於互聯網的裝備遠程監控、運行維護、技術支持等服務市場。支持發展面向企業和創業者的平臺開發、網店建設、代運營、網絡推

廣、信息處理、數據分析、信用認證、管理咨詢、在線培訓等第三方服務，為線上線下互動創新發展提供專業化的支撐保障。鼓勵企業通過虛擬社區等多種途徑獲取、轉化和培育穩定的客戶群體。（商務部、工業和信息化部、網信辦、地方各級人民政府）

（4）推進國內外市場一體化。鼓勵應用互聯網技術實現國內國外兩個市場無縫對接，推進國內資本、技術、設備、產能與國際資源、需求合理適配，重點圍繞「一帶一路」戰略及開展國際產能和裝備製造合作，構建國內外一體化市場。（商務部、發展和改革委員會、網信辦）深化京津冀、長江經濟帶、「一帶一路」、東北地區和泛珠三角四省區（福建、廣東、廣西、海南）區域通關一體化改革，推進全國一體化通關管理。（海關總署）建立健全適應跨境電子商務的監管服務體系，提高貿易便利化水平。（商務部、海關總署、財政部、稅務總局、質檢總局、外匯局）

（5）加大財稅支持力度。充分發揮市場在資源配置中的決定性作用，突出社會資本推動線上線下融合發展的主體地位。同時發揮財政資金的引導作用，促進電子商務進農村。（財政部、商務部）營造線上線下企業公平競爭的稅收環境。（財政部、稅務總局）線上線下互動發展企業符合高新技術企業或技術先進型服務企業認定條件的，可按現行稅收政策規定享受有關稅收優惠。（財政部、科技部、稅務總局）積極推廣網上辦稅服務和電子發票應用。（稅務總局、財政部、發展和改革委員會、商務部）

（6）加大金融支持力度。支持線上線下互動企業引入天使投資、創業投資、私募股權投資，發行企業債券、公司債券、資產支持證券，支持不同發展階段和特點的線上線下互動企業上市融資。支持金融機構和互聯網企業依法合規創新金融產品和服務，加快發展互聯網支付、移動支付、跨境支付、股權眾籌融資、供應鏈金融等互聯網金融業務。完善支付服務市場法律制度，建立非銀行支付機構常態化退出機制，促進優勝劣汰和資源整合。健全互聯網金融徵信體系。（人民銀行、發展和改革委員會、銀監會、證監會）

國務院辦公廳
2015 年 9 月 18 日

附錄7　國務院辦公廳關於推動實體零售創新轉型的意見

國辦發〔2016〕78號

主要意見摘錄：

實體零售是商品流通的重要基礎，是引導生產、擴大消費的重要載體，是繁榮市場、保障就業的重要渠道。近年來，中國實體零售規模持續擴大，業態不斷創新，對國民經濟的貢獻不斷增強，但也暴露出發展方式粗放、有效供給不足、運行效率不高等突出問題。當前，受經營成本不斷上漲、消費需求結構調整、網絡零售快速發展等諸多因素影響，實體零售發展面臨前所未有的挑戰。為適應經濟發展新常態，推動實體零售創新轉型，釋放發展活力，增強發展動力，經國務院同意，現提出以下意見：

一、總體要求

（一）指導思想

全面貫徹黨的十八大和黨的十八屆三中、四中、五中、六中全會精神和國務院決策部署，牢固樹立創新、協調、綠色、開放、共享的發展理念，著力加強供給側結構性改革，以體制機制改革構築發展新環境，以信息技術應用激發轉型新動能，推動實體零售由銷售商品向引導生產和創新生活方式轉變，由粗放式發展向注重質量效益轉變，由分散獨立的競爭主體向融合協同新生態轉變，進一步降低流通成本、提高流通效率，更好適應經濟社會發展的新要求。

（二）基本原則

堅持市場主導。市場是實體零售轉型的決定因素，要破除體制機制束縛，營造公平競爭環境，激發市場主體活力，推動實體零售企業自主選擇轉型路徑，實現戰略變革、模式再造和服務提升。

堅持需求引領。需求是實體零售轉型的根本出發點，要適應消費需求新變化，引導實體零售企業補齊短板，增強優勢，擴大有效供給，減少無效供給，增強商品、服務、業態等供給結構對需求變化的適應性和靈活性。

堅持創新驅動。創新是實體零售轉型的直接動力，要搶抓大眾創業、萬眾創新戰略機遇，加強互聯網、大數據等新一代信息技術應用，大力發展新業態、新模式，進一步提高流通效率和服務水平。

二、調整商業結構

(三) 調整區域結構

支持商業設施富余地區的企業利用資本、品牌和技術優勢，由東部地區向中西部地區轉移，由一二線城市向三四線城市延伸和下沉，形成區域競爭優勢，培育新的增長點。支持商務、供銷、郵政、新聞出版等領域龍頭企業向農村延伸服務網絡，鼓勵發展一批集商品銷售、物流配送、生活服務於一體的鄉鎮商貿中心，統籌城鄉商業基礎設施建設，實現以城帶鄉、城鄉協同發展。

(四) 調整業態結構

堅持盤活存量與優化增量、淘汰落後與培育新動能並舉，引導業態雷同、功能重疊、市場飽和度較高的購物中心、百貨店、家居市場等業態有序退出城市核心商圈，支持具備條件的及時調整經營結構，豐富體驗業態，由傳統銷售場所向社交體驗、家庭消費、時尚消費、文化消費中心等轉變。推動連鎖化、品牌化企業進入社區設立便利店和社區超市，加強與電商、物流、金融、電信、市政等對接，發揮終端網點優勢，拓展便民增值服務，打造一刻鐘便民生活服務圈。

(五) 調整商品結構

引導企業改變千店一面、千店同品現象，不斷調整和優化商品品類，在兼顧低收入消費群體的同時，適應中高端消費群體需求，著力增加智能、時尚、健康、綠色商品品種。積極培育世界級消費城市和國際化商圈，不斷深化品牌消費集聚區建設，進一步推進工貿結合、農貿結合，積極開展地方特色產品、老字號產品「全國行」「網上行」和「進名店」等供需對接活動，完善品牌消費環境，加快培育商品品牌和區域品牌。合理確定經營者、生產者責任義務，建立健全重要商品追溯體系，引導企業樹立質量為先、信譽至上的經營理念，加強商品質量查驗把關，用高標準引導生產環節品質提升，著力提升商品品質。

三、創新發展方式

(六) 創新經營機制

鼓勵企業加快商業模式創新，強化市場需求研究，改變引廠進店、出租櫃臺等傳統經營模式，加強商品設計創意和開發，建立高素質的買手隊伍，發展

自有品牌、實行深度聯營和買斷經營，強化企業核心競爭力。推動企業管理體制變革，實現組織結構扁平化、運營管理數據化、激勵機制市場化，提高經營效率和管理水平。強化供應鏈管理，支持實體零售企業構建與供應商信息共享、利益均攤、風險共擔的新型零供關係，提高供應鏈管控能力和資源整合、運營協同能力。

（七）創新組織形式

鼓勵連鎖經營創新發展，改變以門店數量擴張為主的粗放發展方式，逐步利用大數據等技術科學選址、智能選品、精準營銷、協同管理，提高發展質量。鼓勵特許經營向多行業、多業態拓展，著力提高特許企業經營管理水平。引導發展自願連鎖，支持龍頭企業建立集中採購分銷平臺，整合採購、配送和服務資源，帶動中小企業降本增效。推進商貿物流標準化、信息化，培育多層次物流信息服務平臺，整合社會物流資源，支持連鎖企業自有物流設施、零售網點向社會開放成為配送節點，提高物流效率，降低物流成本。

（八）創新服務體驗

引導企業順應個性化、多樣化、品質化消費趨勢，弘揚誠信服務，推廣精細服務，提高服務技能，延伸服務鏈條，規範服務流程。支持企業運用大數據技術分析顧客消費行為，開展精準服務和定制服務，靈活運用網絡平臺、移動終端、社交媒體與顧客互動，建立及時、高效的消費需求反饋機制，做精做深體驗消費。支持企業開展服務設施人性化、智能化改造，鼓勵社會資本參與無線網絡、移動支付、自助服務、停車場等配套設施建設。

四、促進跨界融合

（九）促進線上線下融合

建立適應融合發展的標準規範、競爭規則，引導實體零售企業逐步提高信息化水平，將線下物流、服務、體驗等優勢與線上商流、資金流、信息流融合，拓展智能化、網絡化的全渠道布局。鼓勵線上線下優勢企業通過戰略合作、交叉持股、併購重組等多種形式整合市場資源，培育線上線下融合發展的新型市場主體。建立社會化、市場化的數據應用機制，鼓勵電子商務平臺向實體零售企業有條件地開放數據資源，提高資源配置效率和經營決策水平。

（十）促進多領域協同

鼓勵發展設施高效智能、功能便利完備、信息互聯互通的智慧商圈，促進業態功能互補、客戶資源共享、大中小企業協同發展。大力發展平臺經濟，以

流通創新基地為基礎，培育一批為中小企業和創業者提供專業化服務的平臺載體，提高協同創新能力。深化國有商貿企業改革，鼓勵各類投資者參與國有商貿企業改制重組，積極發展混合所有制。鼓勵零售企業與創意產業、文化藝術產業、會展業、旅遊業融合發展，實現跨行業聯動。

(十一) 促進內外貿一體化

進一步提高零售領域利用外資的質量和水平，通過引入資本、技術、管理推動實體零售企業創新轉型。優化食品、化妝品等商品進口衛生安全等審批程序，簡化進口食品檢驗檢疫審批手續，支持引進國外知名品牌。完善信息、交易、支付、物流等服務支撐，優化過境通關、外匯結算等關鍵環節，提升跨境貿易規模。鼓勵內貿市場培育外貿功能，鼓勵具有技術、品牌、質量、服務優勢的外向型企業建立國內營銷渠道。推動有條件的企業「走出去」構建海外營銷和物流服務網絡，提升國際化經營能力。

五、優化發展環境

(十二) 加強網點規劃

統籌考慮城鄉人口規模和生產生活需求，科學確定商業網點發展建設要求，並納入城鄉規劃和土地利用總體規劃，推動商業與人口、交通、市政、生態環境協調發展。加強對城市大型商業網點建設的聽證論證，鼓勵其有序發展。支持各地結合實際，明確新建社區的商業設施配套要求，利用公有閒置物業或以回購廉租方式保障老舊社區基本商業業態用房需求。發揮行業協會、中介機構作用，支持建設公開、透明的商鋪租賃信息服務平臺，引導供需雙方直接對接，鼓勵以市場化方式盤活現有商業設施資源，減少公有產權商鋪轉租行為，有效降低商鋪租金。

(十三) 推進簡政放權

推動住所登記改革，為連鎖企業提供便利的登記註冊服務，地方政府不得以任何形式對連鎖企業設立非企業法人門店和配送中心設置障礙。進一步落實和完善食品經營相關管理規定。連鎖企業從事出版物等零售業務，其非企業法人直營門店可直接憑企業總部獲取的許可文件復印件到門店所在地主管部門備案。放寬對臨街店鋪裝潢裝修限制，取消不必要的店內裝修改造審批程序。在保障公共安全的情況下，放寬對戶外營銷活動的限制。完善城市配送車輛通行制度，為企業發展夜間配送、共同配送創造條件。

(十四) 促進公平競爭

健全部門聯動和跨區域協同機制，完善市場監管手段，加快構建生產與流

通領域協同、線上與線下一體的監管體系。嚴厲打擊製售假冒偽劣商品、侵犯知識產權、不正當競爭、商業欺詐等違法行為。指導和督促電子商務平臺企業加強對網絡經營者的資格審查。強化連鎖經營企業總部管理責任，重點檢查企業總部和配送中心，減少對銷售普通商品零售門店的重複檢查。依法禁止以排擠競爭對手為目的的低於成本價銷售行為，依法打擊壟斷協議、濫用市場支配地位等排除、限制競爭行為。充分利用全國信用信息共享平臺，建立覆蓋線上線下的企業及相關主體信用信息採集、共享與使用機制，並通過國家企業信用信息公示系統對外公示，健全守信聯合激勵和失信聯合懲戒機制。

（十五）完善公共服務

加快建立健全連鎖經營、電子商務、商貿物流、供應鏈服務等領域標準體系，從標準貫徹實施入手，開展實體零售提質增效專項行動，進一步提高競爭能力和服務水平。加強零售業統計監測和運行分析工作，整合各類信息資源，構建反映零售業發展環境的評價指標體系，引導各類市場主體合理把握開發節奏、科學配置商業資源。加快建設商務公共服務雲平臺，對接政府部門服務資源，發揮行業協會、專業服務機構作用，為企業創新轉型提供技術、管理、咨詢、信息等一體化支撐服務。鼓勵開展多種形式的培訓和業務交流，加大專業性技術人才培養力度，推動複合型高端人才合理流動，完善多層次零售業人才隊伍，提高從業人員綜合創新能力。

六、強化政策支持

（十六）減輕企業稅費負擔

落實好總分支機構匯總繳納企業所得稅、增值稅相關規定。營造線上線下企業公平競爭的稅收環境。零售企業設立的科技型子公司從事互聯網等信息技術研發，符合條件的可按規定申請高新技術企業認定，符合條件的研發費用可按規定加計扣除。降低部分消費品進口關稅。落實取消稅務發票工本費政策，不得以任何理由強制零售企業使用冠名發票、卷式發票，大力推廣電子發票。全面落實工商用電同價政策，在實行峰谷電價的地區，有條件的地方可以開展商業用戶選擇執行行業平均電價或峰谷分時電價試點。落實銀行卡刷卡手續費定價機制改革方案，持續優化銀行卡受理環境。

（十七）加強財政金融支持

有條件的地方可結合實際情況，發揮財政資金引導帶動作用，對實體零售創新轉型予以支持。用好國家新興產業創業投資引導基金、中小企業發展基

金，鼓勵有條件的地方按市場化原則設立投資基金，引導社會資本加大對新技術、新業態、新模式的投入。積極穩妥擴大消費信貸，將消費金融公司試點推廣至全國。採取多種方式支持零售企業線上線下融合發展的支付業務處理。創新發展供應鏈融資等融資方式，拓寬企業融資渠道。支持商業銀行在風險可控、商業可持續的前提下發放中長期貸款，促進企業固定資產投資和兼併重組。積極研究通過應收帳款、存貨、倉單等動產質押融資模式改進和完善小微企業金融服務，通過創業擔保貸款積極扶持符合條件的小微企業。

(十八) 開展試點示範帶動

支持有條件的地區完善政府引導推動、企業自主轉型的工作機制，在財政、金融、人才、技術、標準化及服務體系建設等方面進行探索，推動實體零售創新轉型。內貿流通體制改革發展綜合試點城市要發揮先行先試優勢，突破制約實體零售創新轉型的體制機制障礙，探索形成可複製推廣的經驗。開展智慧商店、智慧商圈示範創建工作，及時總結推廣成功經驗，示範引領創新轉型。

國務院辦公廳
2016 年 11 月 2 日

附錄8 2011—2015年百貨店、超市銷售同比及累計同比[1]

2011—2015年百貨店、超市銷售同比及累計同比[2]

時間	百貨店 銷售同比（%）	百貨店 累計同比（%）	超市 銷售同比（%）	超市 累計同比（%）
2015年12月	3.4	3.4	8.6	6.8
2015年9月	3.7	3.5	6.9	6.5
2015年6月	2.9	3.7	6.3	6.6
2015年3月	2.4	4.3	6.2	6.7
2014年12月	4	4.1	5.4	5.5
2014年9月	4.8	4.2	6.4	5.5
2014年3月	4.6	3.6	5.2	4.8
2013年12月	7.9	10.3	8.1	8.3
2013年9月	10.2	11.1	9	8.4
2013年6月	16.3	10.6	9.2	8.1
2013年3月	10.4	8.7	7.5	8.3
2012年12月	12.4	10.3	11.7	8.7
2012年9月	8.1	10	8.2	8.4
2012年6月	9.6	10	8.1	8.7
2012年3月	10.9	9.4	6.4	9.1
2011年12月	18.4	20.1	13.1	14.9
2011年9月	20.7	21.7	14.3	15.6
2011年6月	19.1	22.5	13.4	16.2
2011年3月	19.8	18.8	19.1	17
2011年1月	27.5	27.5	22.9	22.9

[1] 國家商務部商務數據中心. 重點流通企業銷售數據 [DB/OL]. http://data.mofcom.gov.cn/SWSJDomestics/business/domestictrade/bussiness sales/BusinessSales.action#.

[2] 注：由於官方數據缺失，2014年6月的數據不在表中列示。

附錄9　流通標準體系建設[①]

2016年流通行業標準項目計劃

序號	標準項目名稱	制修訂	主要起草單位	歸口司局
1	藥品零售企業開展慢性病管理工作規範	制定	中國醫藥商業協會	市場秩序司
2	追溯體系術語規範	制定	中國國際電子商務中心等	市場秩序司
3	信息化追溯標準體系結構	制定	工業和信息化部電子工業標準化研究院等	市場秩序司
4	追溯終端數據接口規範	制定	工業和信息化部電子工業標準化研究院等	市場秩序司
5	中藥材流通追溯體系建設標準	制定	中國醫藥保健品進出口商會等	市場秩序司
6	追溯體系終端查詢基本要求	制定	中國國際電子商務中心等	市場秩序司
7	中藥材商品規格等級（二）	制定	中國中醫科學院中藥資源中心	市場秩序司
8	中藥材商品規格等級（三）	制定	中國中醫科學院中藥資源中心	市場秩序司
9	中藥材商品規格等級（四）	制定	中國中醫科學院中藥資源中心	市場秩序司
10	中藥材商品規格等級（五）	制定	中國中醫科學院中藥資源中心	市場秩序司
11	中藥材商品規格等級（六）	制定	中國中醫科學院中藥資源中心	市場秩序司

[①] 商務部流通業發展司. 商務部辦公廳關於下達2016年流通行業標準項目計劃的通知[EB/OL]. [2016-11-24]. http://ltfzs.mofcom.gov.cn/article/swfg/swfgbi/201611/20161101895710.shtml，2016-11-24

表(續)

序號	標準項目名稱	制修訂	主要起草單位	歸口司局
12	中藥材商品規格等級（七）	制定	中國中醫科學院中藥資源中心	市場秩序司
13	中藥材商品規格等級（八）	制定	中國中醫科學院中藥資源中心	市場秩序司
14	中藥材商品規格等級（九）	制定	中國中醫科學院中藥資源中心	市場秩序司
15	中藥材商品規格等級（十）	制定	中國中醫科學院中藥資源中心	市場秩序司
16	中藥材商品規格等級（十一）	制定	中國中醫科學院中藥資源中心	市場秩序司
17	中藥材商品規格等級（十二）	制定	中國中醫科學院中藥資源中心	市場秩序司
18	中藥材商品規格等級（十三）	制定	中國中醫科學院中藥資源中心	市場秩序司
19	中藥材商品規格等級（十四）	制定	中國中醫科學院中藥資源中心	市場秩序司
20	中藥材商品規格等級（十五）	制定	中國中醫科學院中藥資源中心	市場秩序司
21	中藥材商品規格等級（十六）	制定	中國中醫科學院中藥資源中心	市場秩序司
22	中藥材商品規格等級（十七）	制定	中國中醫科學院中藥資源中心	市場秩序司
23	中藥材商品規格等級（十八）	制定	中國中醫科學院中藥資源中心	市場秩序司
24	中藥材商品規格等級（十九）	制定	中國中醫科學院中藥資源中心	市場秩序司
25	中藥材商品規格等級（二十）	制定	中國中醫科學院中藥資源中心	市場秩序司
26	中藥材商品規格等級（二十一）	制定	中國中醫科學院中藥資源中心	市場秩序司
27	中藥材商品規格等級（二十二）	制定	中國中醫科學院中藥資源中心	市場秩序司
28	獼猴桃流通規範	制定	全國城市農貿中心聯合會	市場建設司

表(續)

序號	標準項目名稱	制修訂	主要起草單位	歸口司局
29	馬鈴薯種薯流通規範	制定	中國食品工業協會馬鈴薯食品專業委員會及下屬會員單位	市場建設司
30	綠色紡織服裝專業市場評價標準	制定	中國紡織工業聯合會流通分會	市場建設司
31	農產品網上交易通用規範	制定	商務部流通產業促進中心、深圳市標準技術研究院、深圳市眾信電子商務交易保障促進中心等	市場建設司
32	社區電子商務服務規範	制定	吉林省雙佳科技有限公司	市場建設司
33	物流企業標準化實施與評估	制定	中國倉儲協會等	流通發展司
34	電子商務物流可循環包裝管理規範	制定	中國倉儲協會等	流通發展司
35	混凝土外加劑企業生產流通條件基本要求	制定	中國混凝土與水泥制品協會、建築材料工業技術情報研究所	流通發展司
36	拍賣術語	修訂	中國拍賣行業協會	流通發展司
37	機動車拍賣規程	修訂	上海國拍機動車拍賣有限公司	流通發展司
38	舊貨市場經營商戶信用管理指南	制定	中國舊貨業協會	流通發展司
39	環保型展臺設計製作指南	制定	商務部流通產業促進中心	服貿司
40	餐飲營養認證規範	制定	中國烹飪協會	服貿司
41	中國民宿客棧經營服務規範	制定	中國飯店協會	服貿司
42	家電服務組織誠信服務和管理規範	制定	中國家用電器服務維修協會	服貿司
43	家用空調器安裝和維修作業規範	制定	中國家用電器服務維修協會	服貿司

表(續)

序號	標準項目名稱	制修訂	主要起草單位	歸口司局
44	洗染業O2O服務流程及規範	制定	中國商業聯合會洗染專業委員會	服貿司
45	城鎮社區老年人日間照料中心服務規範	制定	山東省商務廳、山東省家庭服務業協會	服貿司
46	醫養融合型社區和居家養老服務規範	制定	安徽省商務廳、安徽浩研投資集團股份有限公司、中國標準化研究院	服貿司
47	租賃式公寓經營服務規範	制定	中國飯店協會	服貿司
48	電子商務消費品質量檢查採樣規範	制定	商業科技質量中心	電子商務司
49	移動無形商品（服務）電子商務經營服務規範	制定	商業科技質量中心	電子商務司
50	網絡零售平臺禁止虛假交易規範	制定	北京大學法學院	電子商務司
51	網絡零售平臺自營業務評價指標與等級劃分	制定	北京大學法學院	電子商務司

附錄10　浙江省人民政府辦公廳關於深入推進「電商換市」加快建設國際電子商務中心的實施意見

（浙政辦發〔2013〕117號）

為認真貫徹落實《中共浙江省委關於全面實施創新驅動發展戰略加快建設創新型省份的決定》（浙委發〔2013〕22號）和《浙江省人民政府關於進一步加快電子商務發展的若干意見》（浙政發〔2012〕24號），深入推進「電商換市」工程，加快建設國際電子商務中心，經省政府同意，現提出如下實施意見：

一、工作目標

（一）明確國際電子商務中心建設目標

從市場規模、普及應用、產業水平、配套支撐、管理服務等方面推進「國際電子商務中心」建設。爭取到2017年，全省實現網絡銷售額突破12萬億元，占社會消費品零售總額比重達40％；實現跨境電子商務500億美元，占外貿出口比重為0；全省企業電子商務應用普及率達85％，電子商務平臺、企業、技術及產業化水平保持全國領先；模式創新能力持續增強，配套支撐服務進一步完善，各項主要發展指標和管理服務達到國際先進水平。

二、做大做強電子商務產業規模

（二）大力培育電子商務企業

支持現有優勢第三方電商平臺進一步做強做大；推動一批行業電商平臺轉型發展，在商品和服務交易領域培育約50個省級重點第三方電商平臺。加大電商企業培育力度，培育100家省級重點電商企業和電商服務企業。盡快制定省重點電商平臺、企業的評定辦法，落實政策措施，通過重點企業的培育，示範帶動全省電子商務企業發展。

（三）推進重點電子商務項目建設

結合我省電子商務發展現狀及趨勢，在加快日用工業品網上銷售的同時，

推進生產資料、大宗農產品、農村市場和服務產品等領域電子商務項目建設。按照發展戰略性新興產業有關要求，頒布電子商務領域投資指導目錄，明確政策導向。建立電子商務領域項目庫，做好對重點建設項目的跟踪和服務，引導更多社會資本投向電子商務領域，增強電子商務產業發展后勁。

（四）有序建設電子商務產業基地

結合各地產業特色和電子商務發展實際，制訂出臺《浙江省電子商務產業基地建設指導意見》，根據電子商務園區、網商園和電子商務樓宇的場地規模、服務功能、入駐企業及相關經濟指標，建立健全電商產業基地的評價體系和等級評定標準，並落實相應的財政、稅收、用地和規劃管理等支持政策，有序引導電商產業基地及通信、物流、培訓等配套設施建設，使之成為我省電子商務產業發展的重要陣地和載體。

三、全面提高電子商務應用範圍和水平

（五）加快建立浙貨網絡營銷體系

深入實施「電子商務拓市場工程」，充分發揮我省電子商務平臺優勢，建立全方位的浙貨網絡銷售體系。結合農產品和地方特色產品特點，逐步建立農特產品網上促銷和團購體系；結合產業集群和專業批發市場，建立工業品網上批發和分銷體系；結合品牌商品培育，建立品牌商品網絡零售體系。要全面掌握區域內企業的網絡銷售情況，對尚未開展電子商務業務的企業要積極進行宣傳和指導。

（六）大力發展跨境電子商務

開展跨境電子商務試點，從電商平臺、經營主體、倉儲物流、快遞配送、售後服務等環節入手，構建跨境電商業務體系；逐步建立適應電子商務模式的報關、報檢、結匯和退稅等管理機制。積極推動浙江企業依託電子商務平臺，直接將產品和服務銷往境外消費者或零售終端，減少中間環節，提高浙江企業的盈利能力和品牌影響力。充分考慮出口國的法律法規和技術標準，積極探索海外倉等貿易主體建設，規避相關技術性貿易措施的風險。建立和完善海外商品通過電子商務進入我省市場的報關、報檢和納稅等工作機制，規範發展海外電商代購業務。

（七）進一步促進居民網上消費

發揮網絡商品種類齊全、價格實惠、購物便捷等現有優勢，逐步完善相關配套服務，進一步擴大城鄉居民網絡消費。已經建成使用的城市住宅區、大專

院校要把快遞投送服務網點建設作為便民服務的重要內容，制訂相應的建設計劃予以推進。新建居民社區、大專院校應將投遞服務點作為基礎設施納入規劃範圍。鼓勵社區、大專院校、商務樓宇設置快遞智能投遞設施，支持物業管理提供代收業務。探索在大中城市建設網貨展示和體驗中心，並逐步向中小城鎮延伸。實施「電子商務進萬村工程」，在城郊和主要行政村建設1萬個以上電子商務服務點，完善農村配送服務網絡建設，改善農村居民網絡消費環境，全面提高城鄉居民的網絡消費比重。

（八）扎實推進網上網下市場互動發展

遵循產業集群、商品交易市場和傳統零售業等實體市場發展的固有規律，探索發展各類電子商務經營模式，有序推進專業市場發展電子商務。充分發揮商品交易市場的商品資源、物流資源優勢和電子商務平臺的交易優勢，推進商品交易市場與電子商務平臺的互動發展；鼓勵商品交易市場發展網商園、電子商務產業園區等業態；支持有條件的商品交易市場發展行業性第三方電子商務平臺或者大宗商品現貨交易電子商務平臺。加快推進產業集群的電子商務應用，針對生產同類商品中小企業集聚的特點，建設面向產業集群的電子商務服務體系。推進傳統百貨、超市、便利店等零售業與電子商務的互動發展，充分發揮實體店良好的用戶體驗等優勢，探索發展網貨體驗店、提貨點、配送站和服務中心等業態，逐步推進電子商務和實體商業的良性互動發展。

（九）全面普及經濟各領域電子商務應用

在擴大商品網上交易的同時，加快推進商務服務、生活服務和公共資源網上交易。按照第三方電商平臺帶動行業應用的思路，由省電子商務工作領導小組辦公室牽頭，各行業主管部門分別在金融、物流、法律、培訓、科技、人力資源、出版、文化、醫療、旅遊、房產、票務、社區、政府採購等領域確定一兩個電子商務平臺進行重點培育，引導行業內更多企業入駐。根據行業特點，研究提出各行業的電子商務普及目標和計劃，普及經濟各領域的電子商務應用。

（十）不斷提升電子商務發展水平

鼓勵電子商務模式創新，積極推廣新技術應用，大力發展移動電子商務，擴大電商交易範圍。支持電商平臺進行數據挖掘，加強對平臺數據的監測和分析，為政府決策和企業經營提供參考。探索電子商務領域商流和資金流的對接，延伸電商平臺的金融服務功能。探索易貨交易、網絡預售等電商新模式。推進電子商務由商品交易向集商品交易、數據分析和金融服務為一體的現代綜合經濟活動發展。

四、完善電子商務支撐和服務體系

（十一）加強電子商務配套設施建設

制定《浙江省電子商務配套設施建設指導意見》，加快基礎通信設施、光纖寬帶網和移動通信網、廣電有線網絡建設，推動「三網融合」，構建覆蓋城鄉、有線無線相結合的寬帶接入網。全面推進光纖進村、到樓、入戶；實現政府機關和公共事業單位光纖網絡全覆蓋；推進已建住宅區光纖到戶改造，實現新建小區光纖網絡全覆蓋；推進農村地區和邊遠地區的寬帶互聯網等信息通信基礎設施建設；加快推進企業信息化，普及研發、採購、製造、營銷和管理領域信息技術應用。整合物流資源，合理規劃和布局物流基礎設施，提升第三方物流、快遞等經營水平，加快構建覆蓋城鄉的電子商務物流配送體系。鼓勵銀行機構、第三方支付機構創新支付手段，加強支付安全管理；支持符合條件的互聯網支付企業申請第三方支付機構牌照；鼓勵有條件的第三方支付機構向境外擴展業務，建立完善多元化、多層次的支付體系。

（十二）加強電子商務關鍵技術的研發

制定《浙江省電子商務重點領域關鍵技術指導目錄》，引導電商技術服務企業在電子商務雲平臺、大數據、移動互聯、融合通信、信息安全等重點領域，突破一批關鍵電商支撐技術，形成一批具有自主知識產權的電商技術行業和國家標準。積極引進一批國際先進電商技術，並做好吸收消化再創新，不斷增強電商技術基礎保障。支持大企業電子商務與企業內部管理信息系統的集成應用，推動企業從採購、研發、製造直至舊產品回收的供應鏈電子商務發展。

（十三）保障電子商務系統運營安全

嚴格執行信息安全等級保護相關法律法規，按照「誰主管誰負責、誰運營誰負責」的原則，指導電子商務平臺運營企業建立符合要求的信息網絡安全管理制度和日常監督檢查機制，落實電商平臺的物理安全、網絡安全、主機安全、應用安全和數據安全等等級保護制度措施。指導電子商務企業加大安全技術防範技術研發力度；落實違法有害信息封堵過濾、用戶註冊認證和上網日誌留存等安全保護技術措施，加強網絡安全和信息安全監管，提升電子商務企業信息安全保障水平。

（十四）建立電商人才培養和評價體系

按照浙政辦〔2012〕24號文件要求，進一步做好電商人才的培養和引進工作。同時，堅持理論和實際操作並重的原則，按照國家職業標準要求，健全

電商人才培養和評價體系，制訂出臺「浙江省電子商務人才培訓和評價工作方案」，確定一批培訓機構和實踐基地，通過大專院校、專業培訓機構、電商企業和行業協會的合作，爭取用 5 年時間，全省普及電子商務知識 100 萬人，培訓電子商務專業人員 10 萬人，培養高級電子商務職業經理人 1,000 人，為我省電子商務新一輪快速發展提供專業人才支撐。

（十五）合力構建電子商務服務體系

大力發展電商軟件開發、網店建設、倉儲管理、營銷推廣、售後服務和代運營等電子商務服務業。制定出臺《浙江省電子商務服務體系建設指導意見》，圍繞電商服務相關業務，有效整合相關資源，做好與國內外知名電商平臺的業務對接，建設全省綜合性電子商務服務體系；各地結合產業特色和電商業務需求，推進區域性電商服務體系建設，為轄區內廣大企業開展電子商務提供一站式服務。

五、完善電子商務產業政策體系

（十六）加大財政稅收等政策支持

自 2013 年起，按照戰略性新興產業標準，省級財政加大對電子商務發展資金支持力度，重點支持重大電子商務項目建設、電商人才培訓、電商服務體系建設、關鍵技術研發及電商模式創新；各市、縣（市、區）政府也要安排相應的資金支持電子商務的發展。全面落實國家及我省現已明確的有關電子商務稅收支持政策，鼓勵個人網商向個體工商戶或電商企業轉型。

（十七）落實土地金融等資源要素保障

按照戰略性新興產業的要求給予資源要素保障。對國家和省重點電子商務項目，各地應優先安排用地指標，保障項目用地。鼓勵利用存量土地發展電子商務產業，在不改變用地主體、不重新開發建設等前提下，利用工業廠房、倉儲用房等存量房產、土地資源興辦電子商務企業和園區，其土地用途可暫不變更；在符合當地城市規劃和有關法律法規前提下，經相關部門批准後可實施加層改造，適當提高容積率。全面落實浙政發〔2012〕24 號文件有關金融支持政策，制訂出臺《浙江省金融領域支持電子商務發展的實施方案》，引導和鼓勵金融機構創新推廣電子商務發展需要的金融產品和服務，加快推進集風險投資、銀行信貸、債券融資、上市扶持、融資擔保、保險合作等內容的多層次電商金融服務，強化對電子商務重點領域、重點企業和重點項目的金融服務。

（十八）便利電子商務市場准入

方便電商企業登記註冊，認真落實「電子商務」「網店」名稱使用、註冊

資本分期繳納、「一址多照」等扶持政策。除法律、法規和省政府規章設定以外，其他規範性文件一律不得設定有關網上交易行政許可事項，已經設定的一律予以取消。對電子商務領域現有的行政許可或備案項目，要按照電子商務特徵，改進和完善許可或備案的操作流程。允許社會資本進入公共資源交易的第三方電商平臺項目建設，規範涉及公共資源交易的第三方電商平臺的服務收費。完善大宗商品網上現貨交易管理。對藥品、出版物、煙草、食鹽等特殊監管商品和專賣商品，除法律、法規和國家有關規定明確禁止網上交易的商品以外，應鼓勵進行網上銷售。

（十九）推進電子商務對外開放和國際交流

鼓勵外資依法投資電子商務項目；支持我省電商平臺向境外拓展業務；支持浙江企業在境外設立電子商務配送和服務機構。積極引進國際先進電子商務軟件等技術，支持符合條件的申報浙江省國際科技合作項目。鼓勵電子商務企業引進海外專業人才，符合條件的可享受外國專家的有關政策。支持舉辦國際性的電商展會和交流活動，推進國際交流合作，提升我省電子商務發展水平。

六、積極營造良好的電商發展環境

（二十）加強組織領導

各級政府和有關部門要從經濟社會發展全局高度認識電子商務的戰略意義，進一步加強領導、明確責任、落實措施、強化工作督查和考核。省電子商務工作領導小組辦公室要會同各成員單位抓好電子商務各項工作的落實。各市、縣（市、區）政府要全面理順電子商務管理機制，加強管理機構建設和人員配備，制定出臺對應的政策措施；鄉鎮（街道）要明確承擔電子商務工作的部門和工作人員，合力推進電子商務發展。

（二十一）進一步夯實電子商務工作基礎

加強電商統計工作，由典型企業統計入手，逐步建立全行業統計工作機制。盡快制訂「浙江省電子商務統計核算方案」，將電子商務相關指標納入國民經濟統計範疇。加快電商領域標準化建設，在地方性標準立項中對電子商務予以傾斜，推動有條件的地方標準上升為國家標準。開展促進我省電子商務發展的立法前期研究，推進電子商務地方立法。加強行業組織建設，充分發揮行業組織在行業統計、標準制定、人才培訓、等級認證及行業自律中的積極作用。加強典型宣傳和輿論引導，積極營造良好的社會氛圍。

（二十二）進一步規範電子商務市場秩序

各級商務、公安、工商、質監、價格、知識產權、通信管理、檢驗檢疫等

部門要結合自身職責，加強對網上交易商品和服務質量、價格行為的監管，加強與電商平臺合作，嚴厲打擊依託網絡制售假冒偽劣、侵犯知識產權和價格欺詐等行為。加快產品質量追溯體系建設，推廣商品條碼應用，從源頭防止問題產品進入電商交易環節。探索以組織機構代碼為核心的電商實名認證制度，搭建以商品條碼物品編碼管理為基礎的質量追溯平臺，推動電商誠信體系建設。加大對消費者權益保護力度，及時處理各類消費糾紛。除法律法規另有規定的以外，電商企業未經用戶同意不得公開、泄露用戶信息，電商平臺不得利用互聯網安全保護技術侵犯用戶的通信自由和通信秘密。保護電商企業的商業機密，除履行法定統計職責外，有關部門不得隨意要求電商平臺報送數據；涉及司法、行政辦案取證的，應嚴格依法開展相關信息的調查取證。

浙江省人民政府辦公廳

2013 年 8 月 21 日

國家圖書館出版品預行編目(CIP)資料

零售業產業鏈整合：路徑、風險與企業績效 / 任家華、劉潔、梁梁 著.
-- 第一版. -- 臺北市：崧燁文化，2018.08

面； 公分

ISBN 978-957-681-443-3(平裝)

1.零售業 2.產業分析 3.中國

498.2　　　107012353

書　名：零售業產業鏈整合：路徑、風險與企業績效
作　者：任家華、劉潔、梁梁 著
發行人：黃振庭
出版者：崧燁文化事業有限公司
發行者：崧燁文化事業有限公司
E-mail：sonbookservice@gmail.com
粉絲頁　　　　　　　網　址：
地　址：台北市中正區重慶南路一段六十一號八樓815室
8F.-815, No.61, Sec. 1, Chongqing S. Rd., Zhongzheng Dist., Taipei City 100, Taiwan (R.O.C.)
電　話：(02)2370-3310　傳　真：(02) 2370-3210
總經銷：紅螞蟻圖書有限公司
地　址：台北市內湖區舊宗路二段121巷19號
電　話:02-2795-3656　傳真:02-2795-4100　網址：
印　刷：京峯彩色印刷有限公司（京峰數位）

　　本書版權為西南財經大學出版社所有授權崧博出版事業股份有限公司獨家發行電子書繁體字版。若有其他相關權利需授權請與西南財經大學出版社聯繫，經本公司授權後方得行使相關權利。

定價：300 元

發行日期：2018 年 8 月第一版

◎ 本書以POD印製發行